别让心态毁了你

思 履 编著

吉林文史出版社
JILIN WENSHI CHUBANSHE

图书在版编目（CIP）数据

别让心态毁了你 / 思履编著. -- 长春 : 吉林文史出版社,
2019.2（2021.12重印）

ISBN 978-7-5472-5845-3

Ⅰ.①别… Ⅱ.①思… Ⅲ.①情绪-自我控制-通俗
读物Ⅳ.①B842.6-49

中国版本图书馆CIP数据核字(2019)第021937号

别让心态毁了你

出 版 人　张　强
编 著 者　思　履
责任编辑　弭　兰
封面设计　韩立强
出版发行　吉林文史出版社有限责任公司
地　　址　长春市净月区福祉大路5788号出版大厦
印　　刷　天津海德伟业印务有限公司
版　　次　2019年2月第1版
印　　次　2021年12月第3次印刷
开　　本　880mm×1230mm　　1/32
字　　数　200千
印　　张　8
书　　号　ISBN 978-7-5472-5845-3
定　　价　38.00元

前　言

　　一位哲人说过："你的心态就是你真正的主人。"一位伟人说："要么你去驾驭生命，要么生命驾驭你，你的心态决定谁是坐骑，谁是骑师。"常言道："心态决定命运。"现代心理学已经证实，心态决定一个人的情绪，而情绪又决定一个人的人生。情绪源于心理，它左右着人的思维与判断，进而决定人的行为，影响人的生活。正面情绪使人身心健康，使人上进，能给我们的人生带来积极的动力；负面情绪不仅给人的体验是消极的，身体也会有不适感，进而影响工作和生活。情绪问题如果不予理会、不妥善处理就会越积越多，最后把你的一切都搅得面目全非。成功者掌控情绪，失败者被情绪掌控。处理情绪问题的关键在于学会对各种情绪进行调适，将其控制在适当的范围内。事实上，喜、怒、忧、思、悲、恐、惊等情绪表现，恰恰是成功与失败的关键，这些情绪的组合有着非凡的意义，掌控得当可助你成功，掌控不当就会导致失败，而成功与失败完全由你自己决定。

　　我们每天都在经历各种各样的事情，以及这些事情给我们带来的诸多感受：时而冷静，时而冲动；时而精神焕发，时而萎靡不振。有时可以理智地去思考，有时又会失去控制地暴跳如雷；有时觉得生活充满了甜蜜和幸福，而有时又感觉生活是那么无味和沉闷。这就是心态和情绪在作怪，它存在于每个人的心中，而且在不同的时期、不同的场合产生奇妙的效果。你是否也有过这样的体验：心情好的时候，看什么东西都顺眼，就连原来不喜欢的人也有了几分好感，对原来看不惯的事也觉得有了几分道理；而心情不好的时候，面对再美味的佳肴也难以下咽，再美丽的风景也视若无睹。心态和情绪的影响力可见一斑，而成功和快乐总是属于那些善于控制自己的心态和情绪的人。卓越的成功者活得充实、自信、快乐，平庸的失败者过得空虚、窘迫、颓废。究其原因，仅仅是因为这两类人控制心态和情绪的能力不同。善于控制自己的心态和情绪的人，能在绝望的时候看到希望，能在黑暗的时候看到光明，所以他们心中永远燃烧着激情和乐观的火焰，永远拥有积极向上、不断奋斗的动力；而失败者并不是真的像他们所抱怨的那样缺少机会，或者是资历浅薄，甚至是上天不公。其实，大多数失败者失意时总是一味地抱怨而不思东山再起，落后时不想着奋起直追，消沉时只会借酒消愁，得意时却又忘乎所以。他们之所以失败，就是因为他们没有很好地掌控自己的情绪。

善于调整心态、控制情绪，才能走向成功，才能拥有快乐人生！人生最可怕的就是失控，而导致人生失控的罪魁祸首莫过于心态和情绪失控。坏心态、坏情绪是一座监狱，阴暗、潮湿；好心态、好情绪就像人间天堂，充满阳光和希望。让生活失去笑声的不是挫折，而是内心的困惑；让脸上失去笑容的不是磨难，而是紧闭的心灵。没有谁的心情永远是轻松愉快的，战胜自我，控制情绪，就要从"心"开始。我们无法改变天气，却可以改变心情；我们无法控制别人，但可以掌控自己。心态决定命运，情绪左右生活。早晨起来，先给自己一个笑脸，你一天都会有好心情。好心态会让人与人之间的关系融洽；好情绪会让人生充满欢声笑语。如何调整心态、掌控情绪，如何疏导和激发情绪，如何利用情绪的自我调节来改善与他人的关系，是我们人生的必修课。

本书是一部系统讲解心态和情绪的掌控原理、方法和现实运用的心灵读本，全面、深入、系统地讲解怎样杜绝消极心态和不良情绪，怎样激发正面心态和积极情绪，最终达到掌控心态和情绪的目的，为那些正处于负面心态和情绪中的人们提供一个走出困境的途径，帮助他们重新回到积极、乐观的生活中来。

目 录

第一章　心态的惊人力量，情绪的巨大作用

第一节　心态决定命运

心态的惊人力量 ………………………………………… 1

"贵族心态"，圆满人生的保证 ………………………… 3

好心态让你更优秀 ……………………………………… 5

危机中爆发的超人能量 ………………………………… 8

职场上心想事成的秘密 ………………………………… 11

好心态解密幸福生活 …………………………………… 14

态度，事业成功的关键 ………………………………… 17

内心充满热量，才能释放热量 ………………………… 20

第二节　情绪左右成败

情绪是一种力量 ………………………………………… 23

认识情绪的巨大作用 …………………………………… 25

无论是好是坏，情绪都有传染性 ……………………… 28

情绪影响你的行为 ……………………………………… 30

情绪可以改变命运 ……………………………………… 32

恐惧来自情绪的幻觉 …………………………………… 34

坏情绪会阻碍你成功 …………………………………… 37

好情绪造就好人生 ……………………………………… 39

第二章　战胜人性弱点，跨越心态藩篱

第一节　超越自卑：你是最好的自己

用自强战胜自卑 ······················· 42

不要成为自卑的俘虏 ··················· 44

人生没有"假如" ···················· 46

不要对自己说"我不能" ··············· 48

学会放大自己的优点 ··················· 51

成功，源于你接纳自己 ················· 53

相信自己是独一无二的 ················· 56

微笑面对生活的不完美 ················· 58

克服自卑心态的方法 ··················· 60

第二节　转化嫉妒：为自己喝彩，为他人鼓掌

嫉妒是痛苦的制造者 ··················· 61

防止嫉妒害人害己 ····················· 64

不要被嫉妒蒙住了眼睛 ················· 66

别拿别人的优点折磨自己 ··············· 68

欣赏他人，让嫉妒变成动力 ············· 70

学会自医，远离嫉妒的辐射源 ··········· 72

第三章　排除负面情绪，释放生命正能量

第一节　控制愤怒：一生气你就输了

爆发的愤怒是地狱之火 ················· 75

平和心灵助你平息愤怒情绪 ············· 77

愤怒，是安宁生活的阴影 ··············· 80

冲动，是幸福的刽子手 ················· 82

不要被怒火冲昏头脑 ……………………………… 83

抑制冲动，学会忍耐 ……………………………… 85

控制愤怒情绪 ……………………………………… 88

第二节　停止抱怨：改变不了世界，就改变自己

消除抱怨，让心情更美好 ………………………… 90

为小事抱怨，你将一事无成 ……………………… 92

别为失败找借口 …………………………………… 94

别让抱怨成为习惯 ………………………………… 96

删除抱怨，拥抱快乐 ……………………………… 98

远离抱怨，路会越走越宽 ………………………… 100

命运厚爱那些不抱怨的人 ………………………… 102

第四章　培养黄金心态，修炼成功素质

第一节　乐观心态：你要去相信，没有到达不了的明天

乐观能够改变世界 ………………………………… 105

乐观是操之在我的"心造幸福" ………………… 107

心境转移，找寻你的快乐 ………………………… 109

乐观心态，引导好人生 …………………………… 111

乐观，让你成为你想成为的人 …………………… 113

跌倒了站起来，一直向前看 ……………………… 114

乐观，让你化险为夷 ……………………………… 116

第二节　从容心态：心淡定，自从容

从容是一种内在的修行 …………………………… 118

从容处世，心怀高远 ……………………………… 120

淡定从容，笑看人生 ……………………………… 122

从容让你的步伐更坚定 …………………………… 125

看看沿途好风景 ……………………………………… 127

跳出"名利场" …………………………………………… 129

心静如水，不为外物所扰 …………………………… 133

淡看生死，且笑且从容 ……………………………… 135

第三节　感恩心态：有一种幸福叫感恩

感恩带来机遇 …………………………………………… 137

始终不变向善的心 …………………………………… 140

感恩，让你的内心感受快乐 ………………………… 143

第五章　做情绪的主人，做生活的主宰

第一节　情绪调节：别让坏情绪绑架你

做情绪的调节师 ……………………………………… 145

走出情绪的死角 ……………………………………… 147

"装"出来的好心情 …………………………………… 148

你为什么常常感到烦恼 ……………………………… 150

紧张情绪，人体的定时炸弹 ………………………… 153

学会克制自己的情绪 ………………………………… 154

学会给坏情绪减负 …………………………………… 156

我的情绪我做主 ……………………………………… 158

第二节　情绪传导：别被他人的不良情绪左右

你只需要接受你自己 ………………………………… 160

不要让他人影响你的情绪 …………………………… 162

勇敢地为自己选择 …………………………………… 164

他人也是自己的一面镜子 …………………………… 166

第三节　情绪释放：给负面情绪找个出口

丢掉坏情绪，做到浑然忘我 ………………………… 169

警惕情绪污染 ……………………………………… 171

用宣泄为自己减压 ………………………………… 173

吵架也能化解坏情绪 ……………………………… 175

丢掉悲观情绪，做个开心的人 …………………… 177

第六章　借助心态的力量，打造成功人生

第一节　从现在开始，发掘心态的力量

勇于冒险，冲破内心的厚茧 ……………………… 180

善待压力，压力可以变动力 ……………………… 182

打败懈怠，培养进取心 …………………………… 184

能量，在体验中爆发 ……………………………… 185

平凡心态成就非凡人生 …………………………… 187

积极心态开启能量之门 …………………………… 190

第二节　七项修炼，引爆心态的惊人力量

剥丝抽茧，看清自己 ……………………………… 192

扫清心态障碍无死角 ……………………………… 194

驾驭自己的人生 …………………………………… 197

人生大智慧：能自省方自知 ……………………… 200

不要辜负了活着的机会 …………………………… 202

时刻享受你的人生 ………………………………… 204

共赢启动成功 ……………………………………… 207

第七章　发挥情绪的作用，改变命运

第一节　提升情商，在沟通中彰显情绪作用

情商体现的是一种沟通能力 ……………………… 210

"逆境情商"帮你克服挫折情绪 ·················· 212

理解他人的情绪 ·················· 214

管理自己的情绪 ·················· 217

克服社交恐惧情绪 ·················· 219

好情绪助你走出困境 ·················· 221

情绪掌控，为自己拓宽道路 ·················· 223

不要陷入回忆中 ·················· 225

第二节　掌握情绪转换的技巧

情绪调适：给不良情绪杀杀菌 ·················· 228

调换一下位置，效果大不一样 ·················· 230

克服职场压力，化解不良情绪 ·················· 233

心境对情绪的巨大影响 ·················· 237

只有了解情绪，才能更好处理 ·················· 239

对你的坏情绪要宽容一点 ·················· 241

不要一味压抑你的情绪 ·················· 244

第一章
心态的惊人力量，情绪的
巨大作用

第一节　心态决定命运

心态的惊人力量

生活给人怎样的回馈，取决于你以怎样的态度对待生活。现在做出口贸易的张女士讲述她亲身经历的事情：

上学时期，我很喜欢做数学的解答题，觉得一条一条地列出"因为、所以"，然后得出最终答案是一件很有意思的事情。就像小时候和小伙伴们捉迷藏一样，最终把他们找出来的那种欣喜，可以让自己感到无比自豪。因为可以从数学中找到自己的乐趣，所以，我的数学很好。

似乎很多东西都有对立面，就像有喜欢就一定有不喜欢一样。是的，我不喜欢英语，超级不喜欢，那些长长短短的字母密密麻麻地摆在一起，感觉脑子都大了，无论老师怎样苦口婆心地讲解，我还是无法打心眼里喜欢上英语。自然而然，我的英语成绩很差。忘了是什么时候，我收到了一张明信片，是哪里的景色我已经不记得了，但是写在上面的那一行行漂亮得不得了的英文字母，却深深地刻在了我的脑海里。原来，那些曾经讨人厌的字母竟然可以美得如同一幅画。从那之后，我渴望接近英语的心变得欢喜而迫切，等到期末考试的时候，我的英语成绩竟然破天荒地得了 90 分。

听了张女士的故事，你是否也在惊讶心态所起到的巨大作用？

我们常说："念由心生。"往往你认为自己是什么样的人，就将成为什么样的人。烦恼与欢喜，成功与失败，良善与邪恶，仅系于一念之间，而这一念就是心态。我们生活在这个大千世界中，受影响的因素有很多，因此，心态也取决于很多方面。比如：同样的生活环境，同样的教育背景，为什么有人可以很成功，工作出色，生活美满；而有的人却忙忙碌碌无所作为，经济拮据，只能维持生计？人与人为什么有这么大差距？到底是什么因素在影响着我们，并决定了我们每个人不同的命运？

面对这些问题，许多人往往把主要原因都归结于外界条件，认为自己之所以没有这么优秀，是因为没有好的家世背景、没念名牌大学、没有好的工作机遇等等。他们只会用消极悲观的心态来抱怨生活和命运的不公平，却从来没有审视过自己是用怎样的态度来对待生活的，更不用说激发心态的巨大潜能去创造奇迹了。

其实，我们选择什么样的心态，就会有什么样的人生。要知道，决定你一生成败的关键因素就是心态。试想一下，如果你连自己事业不顺心、生活不如意的根本症结都搞不清楚，你还能奢望得到成功的事业和美满的生活吗？这个问题的答案，清清楚楚地写在我们每个人的心中。

世界上最重要的人就是你自己，所以，请不要轻易放弃你自己，一定要相信自己。

每一个人成功的能量源自于对梦想、价值观和痛苦的凝聚，我们要学着对自己有信心，鼓励自己穿过重重阻碍，实现自身的价值，这一过程中的种种经历，会刺激我们心态的张力，而这种张力往往能够爆发巨大的能量。

怎样使自己有一个好心态，并获取好心态潜在的惊人力量呢？

这就需要我们不断地去追求内心的充实，并且希望获得较高的文化素养，正如辩证法所说，内因和外因相互转化。内因和外因又是什么呢？内因是人的内功，概括为：知识广，品德正，能力强，发挥佳。外因就是通过内因来表达情感，是激情的一种外在流露。往大的方面说这是一个人的德行修为，与佛家修行中表现出的"以静为动，以退为进，以无为有，以空为乐"的心态同出一脉。人的一生，在和世间万事万物打交道的过程中，充满了太多的变化和不可预知，如何改变，让自己变得更好更强大，这就要从自身所具备的条件出发，而自身条件的形成，是进步发展的基础，只有奠定好这个基础，我们才能真正成为具有个性的、快乐并强大的人。

寻找良好的心态，把这种心态投入到我们对人生、对梦想的追求中，会让我们感受到内心的坦然。孔子有言："知其不可为而为之，知其难为而勉力为之。"而我们需要的就是这种坚韧与执着的心态，有了这种坦然和慷慨进取的人生态度，我们就有了向成功人生冲刺的惊人力量。

"贵族心态"，圆满人生的保证

心态的好坏，会直接影响到个人能力的发挥和行动的效果，并进一步决定一个人一生的命运。时下很流行的一个词叫作"贵族心态"，还引发了不少人的讨论。其中有褒有贬，看法不一。其实，贵不贵族不重要，重要的是我们可以不是贵族出身，但要有一种积极的、阳光的"贵族心态"。

一个落魄的印度人流浪到了英国，他想在这里谋取一份工作，但每次应聘都因为其貌不扬、没有文凭而被拒之门外。就这样，三个月过去了，他依然奔波在求职的路上。

有一天，他来到一家饭店，恳求经理收留他。但是，由于饭店经营惨淡，正面临裁员的问题。这个时候，怎么可能留下他呢？印度人并不气馁，他苦苦地哀求经理，并承诺任何工作都可以做。经理见他很真诚，于是收留了他，派给他一份别人都不情愿干的活——负责二楼洗手间的卫生。能够接到这份特别的工作，印度人感到很开心。他并不觉得这份工作有多么卑微，相反，他还对这份工作产生了一种特别的爱。

工作第一天，印度人发现洗手间由于长时间没人打理，灯已经坏掉了，里面黑乎乎的，而且气味很难闻。他马上从仓库找来新的灯泡换上，于是洗手间亮了起来。印度人的心一下子明亮起来。他对自己说："伙计，开始你的新生活吧，这份工作是多么惬意啊！"然后，他开始跪在地面上用抹布一遍一遍地去擦洗地板，用刷子去刷马桶，墙壁也被他擦拭得干干净净，连细小的缝隙也不放过。接着，他找来了镜子安装在洗手间的墙壁上，又搬来了一盆夜来香，点燃了熏香，他甚至还搬来了破旧的音响安装在洗手间的角落里。洗手间在这个印度人的美化下，完全变了样。

有一天，饭店来了几位客人，其中一个中途去洗手间，当他推开洗手间的门时简直不敢相信自己的眼睛。原来，他看到的是朦朦胧胧的灯光，闻到的是沁人心脾的花香，听到的是浪漫悠扬的萨克斯乐曲。由于中午多喝了点儿酒，不知不觉中他竟然坐在马桶上睡着了。

后来，这位客人迫不及待地把他的奇遇告诉了他最要好的朋友，让他也来享受一下这个特别的洗手间。就这样，一传十，十传百，渐渐地，在这个小镇上，人们都知道这条街上有一家饭店，那里的洗手间最值得一去。于是这家饭店的人气也越来越旺，生意越来越好。

几个月后，饭店董事长来视察，当他了解到这种情况后，马上把这个印度人叫到办公室。董事长万分欣喜地说："你对工作如此付出和用心，你是我公司最优秀的员工。"

其实，任何一件有意义的事情，都值得我们用心去做。生活中，我们可能无法选择贵族所拥有的荣耀人生，但我们可以选择以"贵族心态"去面对所有。这个世界上，没有卑微的人，只要你不轻看自己，就不会有任何人影响到你的"贵族"生活。

"王侯将相，宁有种乎！"有谁生来就注定是达官贵人呢？又有谁从一开始就大富大贵呢？出身光荣，那是你的幸运；出身贫苦，那是你的命运。哥白尼是一位面包师的儿子，开普勒出身于德国的一个旅馆家庭，拉普拉斯的父亲是一位贫穷的农民，美国第 17 任总统约翰逊则当过裁缝。据说，约翰逊在华盛顿的就职仪式上发表演讲时，人群中突然有个声音喊出："这是个裁缝出身的人。"约翰逊回答说："某些先生们说我过去曾是个裁缝匠，这根本没有使我感到难堪。因为当我是个裁缝匠的时候，我享有一个优秀裁缝匠的良好声誉。"是的，也许我们无法选择自己的出身，但是我们可以选择活得有尊严。

每一个人都有他与众不同的优点，如果我们不想让自身的这些优点被埋没，如果我们想变得更加非凡卓越，就要相信自己，只要我们肯付出努力，我们就一定可以做到。其实，我们每个人都怀揣着自己尚未知晓和尚未辨认的天赋，关键在于你持有怎样的心态。

世界上没有卑微的出身，只有卑微的心态，如果你相信你能成为上层社会的"贵族"，那就从现在开始，拿出一个"贵族"应有的心态，积极地为自己的梦想努力，为自己的成功进取，相信你自己，即使两手空空，你也能打造出属于自己的成功人生。

好心态让你更优秀

社会在进步，知识也在以飞快的速度更新换代，我们所生存的环境，就像一个庞大的竞技场，输赢全在我们自己。特别是在竞争激烈的现代职场中，作为个人，你要么是卓越的狮子，要么是平庸的羚羊，而成为狮子还是成为羚羊完全取决于你的心态。

有一家成衣销售公司接到一个大订单。由于这笔订单对皮毛货品的需求量很大，老板担心皮毛供货商那里货品不足，就打算派人过去了解一下。正好公司新来了三个员工，老板想不如趁这个机会，考验一下他们。于是他吩咐三个员工去做同一件事：去供货商那里调查一下商品的数量、价格和品质。

第一个员工10分钟后就回来了，他并没有亲自去调查，而是向别人打听了一下供货商的情况就回来汇报。半小时后，第二个员工回来汇报。他亲自到供货商那里了解皮毛的数量、价格和品质。第三个员工90分钟后才回来汇报，原来他不但亲自到供货商那里了解了皮毛的数量、价格和品质，而且根据公司的采购需求，将供货商那里最有价值的商品做了详细记录，并且和供货商的销售经理取得了联系。在返回途中，他还去了另外两家供货商那里了解皮毛的商业信息，将三家供货商的情况做了详细的比较，制订出了最佳购买方案。

面对同样的一件事情，三个人所持有的心态却截然不同。第一个员工只是在敷衍了事，草率应付；第二个充其量只能算是被动听命；真正尽职尽责地行事的只有第三个人。想一想，如果你是老板，你会赏识哪一个？如果要加薪、提拔，作为老板，你愿意把机会给谁呢？答案是显而易见的。

根据故事中三个人的表现，我们不妨做一下分析：机会永远都是公平的，它曾到过我们每个人身边，但是能否抓住，就取决于个人的心态。老板给三个人的机会是相同的，只是能意识到的，却是少数。所以，第一个员工注定要成为失败者，第二个员工只能成为一个平庸的人，而第三个员工则会超越平凡，成为卓越的成功者。

在这个世界上，成功的卓越者少，失败的平庸者多。成功的卓越者活得充实、自在、潇洒，失败的平庸者过得空虚、艰难、猥琐。造成这种现状的原因是什么呢？仔细观察、比较一下成功者与失败者，我们就会发现，是"心态"导致了他们的不同人生。这是最值得我们深思的地方。然而，在工作中许多人并不理解这一点：他们对自己的老板牢骚满腹，对待自己的工作懒散拖沓，对公司的前景悲观失望；而老板则时刻担心员工消极怠工，对公司产生不满情绪，动辄拍屁股走人。兢兢业业立足于自己的本职工作，心无旁骛地发挥自己潜力的员工少之又少；能专心致志于公司的发展前景，不为担心员工跳槽而费神的老板更是难得一见。

我们常常看到这样一番情形：员工们工作起来十二分不情愿，而做老板的则整天为这类事情心烦意乱；员工想尽办法逃避责任，得过且过，对自己的工作敷衍了事，老板则要为改变这种糟糕的状况而绞尽脑汁。这样发展下去的结果是，员工和老板都把大部分原本应该花在工作上的时间和精力消耗在如何打赢这场内部战争上。这样只可能导致两败俱伤，这样的企业还谈何发展，这样的员工怎么会有前途？

林欣在一家中型企业做文秘，她的口头禅是："那么拼命干什么？大家不是都能拿到薪水吗？"所以，林欣从来都是按时上下班，按部就班，职责之外的事情一概不理，不求有功，但求无过。

就算遇到挫折，林欣也很少在意，她最擅长的就是自我安慰："反正晋升是少数人的事，大多数人还不是像我一样原地踏步，这样有什么不好？"

马宁是林欣的同事，只是普通的销售员。他的职业技能不是一流的，然而在公司里，人们经常可以看到马宁忙碌的身影。他总是热情地和同事们打招呼，一天到晚都是神采奕奕的。对于工作，他也很积极乐观，只要是领导安排的，他一定会力争第一。即使是在项目受到挫折的情况下，他也总是积极地寻求解决问题的办法，而不是打退堂鼓。

在公司，每天都能看到他忙碌的身影，尽管如此，他却始终保持乐观的态度，时刻享受工作的乐趣，因此，同事们都喜欢和他接触。

一年后，林欣仍然做着她的文秘工作，上司对她的评价始终不好不坏。一年一度的大学生应聘热潮又开始了，上司开始关注起相关的简历，也许，新鲜的血液很快就会补充进来，这时林欣深感自己的处境有些不妙。而马宁却已经从销售员的办公区搬走，这一年，他被提拔为销售经理，新的挑战才刚刚开始。

由此可见，无论你正在从事什么样的工作，要想获得成功，就要改变自己的心态。如果你也像林欣那样，总甘于庸庸碌碌的工作，从不为改进工作做任何努力，那么，即使你正从事最不平凡的工作，你也不会有所成就。

纽约中央铁路公司前总裁佛里德利·威尔森被问及如何对待工作和事业时说："一个人，不论是挖土，还是经营大公司，他都认为自己的工作是一项神圣的使命。不论工作条件有多么困难，或需要多么艰苦的训练，始终用积极负责的态度去进行。只要抱着这种态度，任何人都会成功，也一定能达到目的，实现目标。"

那么，你想要什么样的人生呢？是卓越的品质生活，还是一事无成呢？虽然结果并不一定能尽如人意，但如果你能选择以积极的心态来对待工作、生活，你就一定能够为自己创造出更多的机会。否则，遗憾的不只是你的老板，还有你自己，你会时常懊恼为何当初没有全力以赴。

危机中爆发的超人能量

在危机面前，人们的心态不外乎有两种：乐观和悲观。乐观者表现出临危不乱、运筹帷幄，这种人是智者也是英雄；悲观者则惊慌失措，主动放弃，从此走向失败。这两种心态造成了截然不同的两种结局：成功与失败。当我们认定已是败局，狼狈退出的时候，却在转身的瞬间看见成功嘲笑的眼睛。所以，不要轻易放弃，再坚持一下，就一下，成功就会握在你的手中了。

我们常说，有危机就有转机，人在面对危难之时，往往能够发挥出超乎想象的能量。

麦克卢尔是《麦克卢尔》杂志的创始人，他出身贫寒，没读过几天书，从童年开始，他就做各种各样的工作。靠自学，他读完了中学的课程，又经历了很多困难，才找到一份编辑的工作。他努力工作，得到了上司的赏识和提拔，一步步高升，他渐渐把眼光投向了杂志，希望自己能在这个行业有所作为。创建一份成功刊物的想法，占据了他的头脑。又经历了重重困难，他的想法终于有了实现的机会——他的上司德拉蒙德先生信任他，把这项工作完全交给了他，当他满怀信心和力量，正要大干一番时，却遇到了意想不到的困难。

1893年爆发的美国经济大萧条使36岁的麦克卢尔陷入事业的最低谷。

麦克卢尔强打精神，来到了德拉蒙德先生面前。他垂头丧气，倾诉自己的苦楚，认为自己犯了一个严重的错误——他现在做的工作，完全超过了自己的能力。

德拉蒙德先生一直沉默地听着麦克卢尔的讲述，也一直从容、镇静地看着麦克卢尔，脸上没有一丝一毫的焦虑。等麦克卢尔情绪平静之后，他对麦克卢尔说："假如一个人不是超过他的能力而工作，那说明他还没有最大限度地发挥自己的潜力。每个人都是如此，如果你总能在最困难时找到最好的解决方案，那么你也一定会因此进入一个全新的领域。之后你会发现，再没有什么困难可以难倒你，也不再有什么力量可以阻止你向前。"

在听完这番话后，麦克卢尔又挺直了腰板，脸上的灰暗也一扫而光。他将上司说的那句话写下来，贴在自己办公室最显眼的地方，作为时时鼓励自己的座右铭。

麦克卢尔每天上班时都会在心里重复这句话，而每当他看到这句话时，总会感觉浑身上下立即就充满了力量，有使不完的劲儿。以前他总是担心自己会遇到无法解决的问题，而现在他开始欢迎难题和阻力。他发现，好像是在一种神奇力量的指引下，他总是能出人意料地找到解决方案。他发现了从来没有发掘的一个领域——想象的领域。他的想象带领他离开常规与习惯，赋予他创造的能力。他总能创造性地解决问题，为他的工作迎来了更大的发展空间！

从优秀到卓越是个人能力的升华。很多时候，危机预示着转机。只要我们肯突破自我，越是危机就越能引爆我们潜藏的能量。也就是说，一个人应当时时超越自己的能力，做超过自己能力的工作，他才能得到最丰厚的成效。

每个上班族都希望的事情就是被老板赏识，体现出自身的价值。老板欣赏怎样的员工呢？老板欣赏那些能够做好自己工作的员工，更欣赏那些在工作中不断进步、不断超越自我的员工。

作为普通的企业员工，我们一样能实现自己的卓越，许多和我们一样普通的人已经以他们的实际行动和取得的成就给我们做出了示范。对这一点，我们一定要有信心。同时，我们还要清醒地认识到，追求卓越不是一件轻松容易的事。在追求卓越的道路上，我们会遇到许多坎坷、挫折甚至是打击。好的员工会在遇到危机时总结自己的不足，不断让自己进步，更进步，更优秀，从优秀到卓越，永远保持积极的进取心。追求卓越，我们要做的，就是努力使自己进入"卓越"的状态，不断督促自己调整心态，提高素质与技能，把工作中的小事做得不平凡，使我们在平凡的岗位上发出耀眼的光芒。

李兰研究生毕业后进入一家规模较大的贸易公司做项目部助理。公司的很多业务对于刚跨出校园的她来讲，都是前所未有的挑战，她常常被元老们"考验"着。可李兰并没有因此而放弃，相反，她越挫越勇，越是危急时刻，她越显得稳重大气，解决了不少拿不下的难题。

积极的工作态度和良好的工作业绩，使她赢得了领导的信任，不久，李兰便被提升为总经理助理。工作内容也从项目管理拓展到协助总经理管理财务、人力资源、市场等方面的事宜。没过多久，公司一位人事主管突然离职，李兰顺利地补上了这个"缺"。

在工作中，李兰非常注意积累经验，并且把每次遭遇到的困境都当作历练自己的机遇，因为她明白，更高的职位必然对自己提出更高的要求，只有不断提高综合素质，锻炼自己独当一面的能力，才有可能获得晋升。三年之后，她顺利成长为人力资源总监。

自我超越是一项修炼，善于自我超越的人会警觉自己的无知、力量的不足以及成长的极限，从而努力去突破这种极限，开启自身的超人能量，不断地发展完善自身，向成功的目标迈进。不断学习、具备自我超越能力的人，会认清及运用那些变革的力量，在不断的超越中让自己得到发展。

职场上心想事成的秘密

北京易普斯企业咨询服务中心曾对中国 1576 名白领进行了工作压力状态调查，结果显示：45％的人觉得压力较大，21％的人觉得很大，3％的人觉得极大，而你是哪一种呢？的确，我们现在的社会，没有工作的羡慕有工作的，忙碌的羡慕清闲的，年轻的开始想退休，做领导的说下属太浮躁，做下属的说领导要求太高……于是心态问题与心理危机已成为一个严重的社会问题。社会不缺具备专业技能的人，缺的是在不同的工作和生活脉络中能坦然自若、淡定自如的人，我们是不是该在追逐工业文明的"高速度原则"下停息下来，给自己一个慢的理由，然后好好审视自己的心态是否真的出了问题？

有一位经理讲述了他的亲身经历：

从十几岁开始一直到大学，我做过各种工作——从修理自行车到挨家挨户推销词典，有一年我甚至为一场选美比赛工作了整整一个夏天，任务是回收那些已经征订却未付款的票。此外，我还做数学家教，担任商店的收银员、出纳。为了完成大学学业，我替人打扫、整理房间。

这些工作挣不了几个钱，但这几个钱是我当时需要的，说心里话，我当时是看不起这些工作的。但是，最终我知道，我没有白白经历。这些工作以一种潜移默化的方式教会我很多珍贵的东西，就以我在商店做收银员的工作为例。当时，在很长一段时间，我认为自己是一个好雇员，做了自己分内的事——收款。但是后来发生的一件事改变了我的这种看法，也让我的心态发生了巨大的变化。

有一天，我觉得分内的工作完成了，便和同事闲聊起来，经理走了进来，四处看了看，然后示意我跟他走。他一言不发地走到柜台前，动手整理商品，又走到食物区，将购物车清空。看着经理的一举一动，我很羞愧，以往没有人告诉我要这样做，但如果我自觉的话，应该能看到工作中的不足。

这件小事令我受益匪浅，它不仅使我成为一名更优秀的雇员，而且教会了我如何从每一项细小的工作中获得更多的东西。不仅要对自己分内的工作尽职尽责，还要好上加好，精益求精。

有了这次教训，我改变了对工作的看法，我越专注于自己的工作，学会的东西就越多，受益就越大。

这个阶段的经历对我的人生、事业影响颇为深远。后来我上了大学，从一个事不关己、高高挂起的旁观者变成了一个有责任感的人。它使我的大学生活变得丰富起来，兼职和实习成为探索未来发展的机会。

毕业后，当我成为管理者时，我依然在努力发现那些需要做的事情，不断超越他人——不仅为自己的雇主努力工作，也使自己能出人头地。

没有不重要的工作，只有不重视工作的人。我们只有调整好自己的心态，才能有端正的态度对待工作。我们每个人都可能有这样或那样的"毛病"，工作态度也许没有那么完美，但首先我们要认识到自己的缺陷与不足，然后再努力改正，这才"善莫大焉"。因为，我们自己就是卓越工作态度的真正受益者。

每一个老板自然而然地觉得，勤勤恳恳、全神贯注、充满热情的员工更有价值，而提拔则是老板对员工莫大的鼓励。这些员工的积极心态也常常会感染到老板，老板也知道，这样的员工是在尽力帮助自己。因此，领导者会自觉地与良好心态的员工在一起，关心他们的生活，对那些不专心工作、推脱责任、不注重实绩的员工有一种本能的排斥心理。

迈克曾是美国西里克肥料厂的一名速记员。尽管他的上司和同事均养成了偷懒的恶习，迈克仍保持着认真做事的良好习惯，重视每一项工作。

一天，上司让迈克替自己编一本西里克先生前往欧洲用的密码电报书。迈克不像同事那样，随意地编几张纸完事，而是编成一本小巧的书，用打字机很清楚地打出来，然后又仔细装订好。做好之后，上司便把这本书交给了西里克先生。

"这大概不是你做的吧？"西里克先生问。

"呃——不……是迈克做的……"迈克的上司战栗地回答，西里克先生沉默了许久。

过了几天，迈克代替了以前上司的职位。

迈克的好心态成就了他认真负责的工作态度，也因此打动了老板，最终为自己赢得了升职的机会。

心态平和，最大的受益人是自己。心态浮躁，最大的受害者也是自己。

我们常常发现，同时进公司工作的人，同样的起点，但是，几年之后他们之间却产生了巨大的差距。有的人成为公司里的核心员工，受到老板的器重；有的人却一直碌碌无为，工作总是不见起色。

众所周知，除了少数天才，大多数人的禀赋都相差无几。那么，是什么造成了这种差距？是态度！它可以让一个普普通通毫无背景的人脱颖而出，创造出一番不凡的业绩，也可以让一个才华横溢、能力过人的人碌碌无为，成为下一个被社会淘汰的对象。

那些成就非凡的人一定都是卓越态度的秉持者和践行者，一个态度庸碌的人是不可能在事业上取得巨大成就的。

我们要做的是时刻警惕平庸的工作态度的侵袭，永远追求最卓越，不断进步、成长。

好心态解密幸福生活

心态对一个人的生活是幸福还是不幸，是快乐还是忧伤，是成功还是失败具有很重要的作用。从某种意义上说，良好的心态对一个人具有决定性的作用。不管我们做什么，我们都应该学会保持这种良好的心态，这样我们才可能获得幸福。

一个人的幸福感和成就感取决于他的生存状态，而其生存状态的好坏又与其心态息息相关。大而言之，心态是人对人生的体验、对命运的感悟、对自我的定位；具体来说，心态是人面对困难时的意志，是对情绪的调控，是对现实与梦想的平衡。

因此我们说，幸福是自己给的，只要你能保持一种好心态，幸福就不会太远。

　　哈佛大学心理学专业的学生吉姆给自己找了一份兼职——照顾独居的威尔森太太，并帮她做一些家务。吉姆为人热忱，做事认真负责，深得老太太的信赖。

　　一天晚上，老太太敲响了吉姆的门，有些抱歉地说道："吉姆，很抱歉这么晚来打扰你。我的安眠药吃完了，怎么也睡不着觉，不知道你身边有没有？"

　　吉姆睡眠一直很好，从来不吃安眠药，可是当他看到老太太十分疲惫的脸庞，心里十分不忍，这个时候，他突然灵机一动，就对老太太说："上星期我朋友从法国回来，刚好送我一盒新出的特效安眠药，不过我忘记放在哪里了。这样好了，您先回去，我找到就马上给您送过去。"

　　老太太走后，吉姆找出一粒维生素片，然后送到了威尔森太太的房间，告诉她："这就是那种新出的特效药，您吃了之后一定能睡个好觉。"

　　老太太接过药片，再三谢过吉姆后，就高兴地服下了那粒"特效安眠药"。

　　到了第二天吃早餐的时候，老太太兴奋地对吉姆说："你的安眠药效果好极了，我昨晚吃完很快就睡着了，而且睡得很好，好久都没有这么舒服地睡觉了。那个安眠药你能不能再给我一些？"

　　吉姆只好继续让老太太服用维生素片，直到服完一整盒。事情过去一年多之后，老太太还时常念叨吉姆给她的"特效安眠药"。

　　吉姆用一粒维生素片就让老太太进入了梦乡，这其实就是心理暗示的作用。由于老太太平时对吉姆十分信赖，因此丝毫没有怀疑吉姆给她的"特效安眠药"，在强烈的心理暗示的影响下，老太太真就相信了"特效安眠药"的神奇效用。

　　心理学家马尔兹说："我们的神经系统是很'蠢'的，你用肉眼看到一件喜悦的事，它会做出喜悦的反应；看到忧愁的事，它会做出忧愁的反应。"研究发现，积极的自我暗示能调动人的巨大潜能，使人变得自信、乐观。当你习惯地想象快乐的事，你的神经系统便会习惯地令你处在一个快乐的心态。当你习惯地暗示自己很幸福，你的神经系统便会习惯地让你拥有幸福的感觉。所以，我们要对自己进行积极的自我暗示，给自己输入积极的语言，比如，"我的生活正在一天天地变得更美好""我的心情愉快""真的，我过得幸福极了"等。

因此，在早晚睡前醒后的时间进行自我暗示是再恰当不过了。你可以躺在床上，身体放松，每次花上几分钟，进行以下自我心理暗示——描述自己的天赋和能力，想象你成功的景象，用简短的语言给自己积极有力的暗示。如：

我知道我想要的生活是什么，我一定可以实现它！

我是一个坚定的人，没有什么能动摇我的决心。

失败只是暂时的，过去的失败意味着将来我会获得更大的成功！

恐慌是顾虑造成的，我只要抛开杂念，专注于我的目标，就不会再恐慌。

我越相信自己，我的能量就越大。

我完全可以干得比别人更好。

我只要专心致志，就能做好每一件事。

我把每一天都过得很幸福，我要继续幸福下去，真好！

美国心理学家威廉斯说："无论什么见解、计划、目的，只要以强烈的信念和期待进行多次反复的思考，那它必然会置于潜意识中，成为积极行动的源泉。"心态也是如此，只要我们相信积极心态是有神奇力量的，是能够帮助我们获取幸福生活的，我们就一定可以依附着这种坚定的信念，找到我们想要的幸福生活。

态度，事业成功的关键

中国有句俗语："种瓜得瓜，种豆得豆。"因此你在工作中撒下了什么样的种子，它就会结出什么样的果实。工作如此，事业如此，生活如此，人生如此，这是人间的一条铁律，无人能例外。

悲观的人爱说"人生从来都不会在我们掌控中，命运是上帝的安排"，在这种消极态度的影响下，他们渐渐地对事业失去了进取心，因为觉得无论多么努力都是徒劳，只能是"为他人作嫁衣裳"。

乐观的人就算相信"人生之事，不如意十之八九"，也还会常想"一二"。他们是一群自信而积极的人，他们相信可以通过自己的努力来改变自己的命运。诚如李敖所言："怕苦，苦一辈子；不怕苦，苦半辈子。"是什么让有些人的工作一团糟，而另一些人却平步青云、事业有成呢？答案是态度。

一个农民，只上了几年学，家里就没钱继续供他上学了。他辍学回家，帮父亲耕种两亩薄田。在他 18 岁时，父亲去世了，家庭的重担全部压在了他的肩上。他要照顾身体不佳的母亲，还有一位瘫痪在床的祖母。

改革开放后，农田承包到户。他把一块水洼挖成池塘，想养鱼。但村里的干部告诉他，水田不能养鱼，只能种庄稼，他只好又把池塘填平。这件事成了一个笑话，在别人看来，他是一个想发财但又非常愚蠢的人。

听说养鸡能赚钱，他向亲戚借了 300 元钱，养起了鸡。但是一场大雨过后，鸡得了鸡瘟，几天内全部死光。300 元对别人来说可能不算什么，但对一个只靠两亩薄田生活的家庭而言，可谓天文数字。他的母亲受不了这个刺激，忧劳成疾而死。

他后来酿过酒，捕过鱼，甚至还在石矿的悬崖上帮人打过炮眼……可都没有赚到钱。

36 岁的时候，他还没有娶到媳妇。即使是离异的带着孩子的女人也看不上他，因为他只有一间土屋，随时有可能在一场大雨后倒塌。娶不上老婆的男人，在农村是没有人看得起的。

但他还是没有放弃，不久他就四处借钱买了一辆手扶拖拉机。不料，上路不到半个月，这辆拖拉机就载着他冲入一条河里。他断了一条腿，成了瘸子。而那拖拉机，被人捞起来，已经支离破碎，他只能拆开它，当作废铁卖。

几乎所有的人都说他这辈子完了。

但是多年后他成了一家公司的老总，手中有一亿元的资产。现在，许多人都知道他苦难的过去和富有传奇色彩的创业经历。许多媒体采访过他，许多报告文学描述过他。曾经有记者这样采访他：

记者问："在苦难的日子里，你凭借什么一次又一次毫不退缩？"

他坐在宽大豪华的老板台后面，喝完了桌上的一杯水。然后，他把玻璃杯子握在手里，反问记者："如果我松手，这只杯子会怎样？"

记者说："摔在地上，碎了。"

"那我为什么还要松手呢？"

记者听了，无言以对。

从一个贫苦的农民到拥有上亿资产的老总，他之所以能取得这样的成功，关键在于他迎难而上、永不言弃的人生态度。其实，任何人都有获得成功的潜力，只要我们敢于向困境宣战，不轻易放弃自己的梦想，我们就一定有机会看到成功。所以，我们要做的就是像故事中的主人公一样，即使只有一口气，也要努力去拉住成功的手，除非上苍剥夺了你的生命。

我们常常困惑，面对差不多的岗位、同样的舞台，有的人能将工作演绎得有声有色，风生水起，有些人却是一番惨不忍睹的景象。不是大家的智商有多大的差距，关键是态度影响了他们事业的成败。

两个乡下人外出打工，一个打算去上海，一个打算去北京。可是在候车厅等车时，又都改变了主意。因为他们听邻座的人议论说，上海人精明，外地人问路都收费；北京人质朴，见吃不上饭的人，不仅给馒头，还送旧衣服。去上海的人想，还是北京好，赚不到钱也饿不死，幸亏车还没到，不然真掉进了火坑。去北京的人想，还是上海好，给人带路都挣钱，还有什么不能赚钱的呢？幸好我还没上车，不然就失去了一次致富的机会。

他们在退票处相遇了。原来要去北京的人得到了去上海的票，要去上海的人得到了去北京的票。去北京的人发现，北京果然好，他初到北京的一个月，什么都没干，竟然没有饿着。不仅银行大厅的太空水可以白喝，而且商场里欢迎品尝的点心也可以白吃。去上海的人发现，上海果然是一个可以发财的城市，干什么都可以赚钱，带路可以赚钱，开厕所可以赚钱，弄盆凉水让人洗脸也可以赚钱。只要想办法，再花点儿力气就可以赚钱。

凭着乡下人对泥土的感情和认识，第二天，他从郊外装了十包含有沙子和树叶的土，命名为"花盆土"，向看不见泥土又爱花的上海人出售。当天他在城郊间往返六次，净赚了 50 元钱。一年后，凭借贩卖"花盆土"的收益，他竟然在大上海拥有了一间小小的门面房。在长期的走街串巷中，他又有一个新发现：一些商店楼面亮丽而招牌较黑，一打听才知道是清洗公司只负责洗楼而不负责洗招牌的结果。他立即抓住这一空当，买了梯子、水桶和抹布，办起了一个小型清洗公司，专门负责清洗招牌。如今他的公司已有 150 多名员工，业务也由上海发展到了杭州和南京。

前不久，他坐火车去北京考察清洗市场。在北京站，一个捡破烂的人把头伸进卧铺车厢，向他要一个啤酒瓶。就在递瓶时，两个人都愣住了，因为 5 年前他们曾经交换过一次车票。

在每个人的一生中，都有很多次可以改变自己命运的机会，是往好的方面改变，还是往坏的方面改变，完全有赖于一个人对当时情形的认识。也就是说，有什么样的看法，往往就会有什么样的命运。或成或败，关键在你的态度。

一个人对他的事业抱有什么样的态度，就会有怎样的果实。不同的态度塑造不同的人，也缔造不同的人生。我们并非是完全被动的，我们可以选择用什么样的态度面对事业。在情商的概念中有一条相当有影响力的说法，叫作"操之在我"，就是说事物如何发展都是在于"我"，而非其他。

内心充满热量，才能释放热量

爱是人生存的根本，也是人的本能。无论是施爱还是被爱的人，他们都是幸福而快乐的，他们的情操也会是坦诚而又高尚的。

一个人内心的热量，便是经由爱产生的。一个内心充满爱的人，会懂得去播撒爱，因为他知道，只有播下种子，才会得到果实。爱是相互的，这个世界正因为有了爱，才会变得温暖美好。

一个在边远山村支教的女教师接受记者采访，当记者问到让她在贫穷的山村坚持下去的动力是什么时，女教师平静地回答道："是我的父亲。"她觉得，正是因为受到父亲身体力行的影响，她才会义无反顾地走上支教这条路。最后，这位女教师饱含深情地讲述了他父亲的故事。

我出生在一个山村，父亲在家乡是一名颇有威望的乡村医生，虽谈不上妙手回春，可在那穷乡僻壤的地方，算是很不错的了。在我很小的时候，母亲就去世了，所以，我经常会跟着父亲走街串巷地看望患病的乡里。

那时候，我很崇拜我的父亲，我崇拜的不是父亲精湛的医术，而是他高尚的医德。父亲每每看病，无论对方贫与富、尊与卑，他都会一视同仁，尤其是对那些穷苦人家，父亲每次看完病，绝不提钱的事，而是等对方主动送上门来，有时一等就是好几年，父亲也从没讨要过。如果遇到孤寡老人生病，父亲通常都是免费给他们治疗，而且他还会感觉这是一件很快乐的事情。

我起初并不很理解父亲的做法，感觉他真的很傻，因为我们的家庭本身就不富裕。但慢慢地，我理解了父亲，其实父亲在帮助乡里乡亲的同时，也收获了用金钱无法衡量的东西：尊敬与爱戴。每到逢年过节，我们家会来好多的客人；田里的活儿会有乡邻帮着做；我童年可以吃"百家饭"……我知道，这一切都是因为父亲的缘故。

现在，我的父亲已经不在了，但我能时常感觉到父亲在看着我，看着我做的一切，我相信，我现在的选择是令他骄傲的。

女教师讲的这个故事，令许多人为之动容。

爱，可以让一个人的内心无比富足。

《××晚报》曾登过一则关于"大学生洪战辉带着捡来的妹妹求学12年"的感人报道，这则报道一经刊出，立即引来社会各界的关注。

洪战辉不是富有的人，相反，他的家境贫寒，他要自己挣学费，还要孝敬父母，还要刻苦读书。他贫穷到没有多余的能力来帮助别人，但是他12年如一日地照顾年幼的妹妹，而这个妹妹竟是他捡来的。

洪战辉的事迹对大多数人来说是激励，我们不禁要问：是什么让洪战辉变得这样强大，强大到足以为他人撑起一片天空？答案就是他内心有爱，他内心充满了热量。一个人只有内心充满热量，他才能够释放热量。可我们有太多的人却止步在"心有余而力不足"的消极心态中。

今天，在一片追求明星梦、财富梦的声浪中，每个人都希望自己活得出色快乐。可快乐从哪里来呢？首先我们要保持一种快乐的心态，其次才是快乐地生活。

现代社会提倡和谐，我们讲和谐，不仅要力求人与人和谐、人与社会和谐、人与自然和谐，还要注重人的内心和谐。人的内心和谐是和谐社会的一个高的境界。热量来源于光，要想让我们的内心充满热量，我们就要有和谐的内心和阳光的心态，也就是营造知足、感恩、达观的心理，树立喜悦、乐观、向上的人生态度，通过个人内心和谐来促进家庭和谐、生活和谐和社会和谐。

现在有一些人常常会有这样的困惑：自己的财富在增加，但是幸福感在减少；拥有的越来越多，但是快乐越来越少；沟通的工具越来越多，但是深入的交流越来越少；认识的人越来越多，但是真诚的朋友越来越少；房子越来越大，里面的人越来越少；精美的房子越来越多，完整的家庭越来越少；路越来越宽，心越来越窄……对此，我们不禁要问：究竟哪里出了问题呢？心态出了问题。有了好心情才能欣赏好风光；有了好心态才能建立积极的价值观，获得健康的人生，释放强劲的影响力。

你的内心如果是一团火，就能释放出光和热；你的内心如果是一块冰，就是融化了也还是零度。要想温暖别人，你内心要有热；要想照亮别人，请先照亮自己；要想照亮自己，首先要照亮自己的内心。送人温暖，在让他人的心暖起来的同时，自己内心也会更加温暖。

一个被温暖充盈着的人，内心也会变得充实。这种充实，往往伴随着一种人生价值和意义的追问，一种精神境界的自觉提升，最终变为一种快乐、幸福的感觉。因而，内心温暖的人，不会排斥对物质财富的追求，收入多一点儿，日子过得好一点儿，皆是人之常情。但追求并不会到此停步，而是致力于为心灵搭建一座温暖的"大房子"，获得精神上的富足。有的人"穷得只剩下钱"，就在于只追求了身外的"大房子"，心灵却无处皈依。"善人通过行善获得幸福"，正在于许多人通过奉献爱心感觉到，为他人送去温暖，自己会更幸福，内心更富足。

第二节　情绪左右成败

情绪是一种力量

情绪是一种十分强大的力量，它能够激励你实现自己的理想、克服最严重的创伤，也会让你因为小挫败而一蹶不振。

听说过"一只苍蝇引起的憾事"吗？如果不能控制你的坏情绪，最后失败的可能就是你。

有一场举世瞩目的赛事，台球世界冠军已走到卫冕的门口。他只要把最后那个 8 号黑球打进球门，凯歌就奏响了。

就在这时，不知从什么地方飞来一只苍蝇。苍蝇第一次落在握杆的手臂上，冠军有些痒，便停下来轰走了苍蝇。冠军准备击球，可苍蝇又飞了回来，这回竟落在了冠军锁着的眉头上。冠军只好不情愿地停下来，烦躁地去打那只苍蝇。苍蝇又轻捷地脱逃了。冠军做了一番深呼吸再次准备击球。天啊！他发现那只苍蝇又回来了，像个幽灵似的落在了 8 号黑球上。冠军怒不可遏，拿起球杆对着苍蝇捅去。苍蝇受到惊吓飞走了，可球杆触动了黑球，黑球当然没有进袋。按照比赛规则，该轮到对手击球了。对手抓住机会死里逃生，一口气把自己该打的球全打进了袋。

卫冕失败，冠军恨死了那只苍蝇。可惜的是他后来患了不治之症，再也没有机会走上赛场。临终时他对那只苍蝇还是耿

别让心态毁了你

耿于怀。

一只苍蝇和一个冠军的命运胶着在一起，也许是偶然的。倘若冠军能控制怒气并静待那只苍蝇飞走，故事也许就是另一个结局了。

是什么毁了他的冠军梦？是那只苍蝇吗？当然不是，是他的坏情绪毁了他自己。

生活中，我们常常会发脾气，可回想起来，又有多少真正值得生气的事。也许时间可以让你的怒气平息，但因你的坏情绪而造成的伤害却成为难以愈合的伤口。而因坏情绪累积的憾事，又有谁能够数得清呢？

人的一生都会有被枷锁困住的时候，而这些束缚你手脚的枷锁通常又不易被察觉，于是人就深陷其中难以自拔，言行举止完全被牵绊住了。这一股拉扯的力量，总是让人有心无力，人生的航程也因此而严重受阻。更为可怕的是，这些心灵的桎梏往往隐藏着一种极大的杀伤力，并且会逐渐腐蚀人的心灵，磨损人的志气，直到生活变得一团糟了，我们还找不到原因在哪里。

我们要明白，在生活中，难免会遭遇各种各样的事情，我们的情绪自然就会跟随着起伏。但如果我们任由自己陷在消极情绪中，这些不良的情绪就会变成阻碍我们人生航程的桎梏。

举例来说，如果你身陷激烈争吵中，而不是正在悠闲地品一杯茶，难道你的行为不会有所不同吗？如果你买的彩票中奖了，而且数目不小，你会有怎样的反应呢？假设一个陌生人毫无理由地向你大吼，前提是你并没有做出任何不妥的事情，你会做何反应？或者你和你的爱人争吵了一个晚上，第二天去公司上班，你的心情又是如何？答案可以有很多种可能，抱怨或是惬意，惊喜或是愤怒，这都因人而异，因事而异，因为每个人有每个人独特的行事风格，因为情绪就是我们行动的基础。当强烈的情绪占据你的时候，你是不可能完全控制自己的情绪的，了解这一点很重要。我们都有不顺遂的时候，每个人都会经历创伤或者失败，这是人生无法回避的问题。人有生离死别，生活有酸甜苦辣，有高兴的事情存在，自然也会有沮丧的事情发生。

通常情况下，我们倾向于将各种层次和不同程度的感受，分成两大类别，而这两大类别往往是以对立的形式出现的，如：黑或白、好或坏、善或恶、是或非，否则我们会觉得它们含糊其辞，难以确定。分完类别之后，接下来我们的情绪会依据我们对周遭世界的诠释来指导行为。然而这些情绪的出现并不是有意识的，它们的反应是受过去经验塑造的模式影响所给出的一种潜意识行为。

我们经常说人的情绪多变，其实我们往往不是自己情绪的主人。情绪的发展和变化是我们因人因时因地因事而产生的。不同的情绪有不同的作用，它所具有的力量也会不同。有的给人带来鼓励，有的给人带来力量，有的给人带来知识，有的给人带来进步；有的助人成才，有的助人成功，有的助人成长，有的助人成熟；有的使人懂得珍惜，有的使人懂得爱护，有的使人懂得勤奋，有的使人懂得拼搏；有的让人勇敢，有的让人激情，有的让人理智。总之，我们的感受和需要是在多方面多角度多条件中转换选择的，有很多事是在影响感染中发生的，我们的情绪也随之出现。要知道，什么样的人和事联系起来，就会有什么样的情况和结果。

要知道情绪的力量可以制约人，也可以成就人，更可以损害人。因此，把握情绪有利的一面，获取最大化的情绪力量，对我们尤为重要。

认识情绪的巨大作用

生活中我们要与各种各样的人打交道，也要用不同的情绪力量做出不同的行为来"对付"不同的人。与其说经常和我们打交道的是人，不如说是我们自己的情绪。

现实生活中，总有一些人明明知道自己犯了错误却不愿承认。这时，如果你情绪失控，对对方进行不留情面的指责，只会令对方的态度更为强硬。相反，如果你能稳住情绪，在时机成熟的条件下，有意为对方找个借口、搭个台阶，使其按要求行事，就不至于太尴尬。

所以，我们有必要对情绪的作用做更进一步的了解，认识情绪的作用，对我们的整个人生都有很大的影响。

很多人都知道情绪，但是对人类情绪的变化原因却不甚了解。情绪变化指的是辨别自己和他人各种情绪，并有意表达这些情绪的能力。通过表达你所有的情绪变化，你能够获得有关自己和外在世界的各种有价值的信息。

同情和移情要求你认同他人的情绪。如果你对某些特定的情绪感到不适，就往往会在内心回避或否认它们。如此一来，你就无法获得有关导致这些情绪的特定事件、情形或人的重要信息。此外，你就会不认同或刻意回避那些会引起你内心不适的他人的情绪。

如果你无法"看到"某些情绪，就很难做到富有同情心，或者会缺少移情能力。

情绪也是有强度的。情绪强度指的是"调高"或"调低"某种情绪的能力，以及你在特定场合的情绪匹配程度。想想在播放某首歌曲时调节音量的重要性吧。正如伟大的作曲家使用富于变化的声音强度来传达不同的音乐意义一样，你的情绪强度有助于他人了解你的内心世界。

也许你曾经与这样的人共过事，就是他突然"打开"或"关闭"情绪，或在没有任何征兆的情况下就从轻度恼怒转变成极度愤怒。如此快速的情绪转变会令周围的人感到十分不安。缺乏情绪强度调节能力的领导者可能令人难以预测，因此也难以获得他人的信任。

如果你的声音总是很低，但某个人调节情绪强度的能力很强，你可能会将对方的适度情绪表达误解为极端的表达，这就会造成信息传递失准。你在准确理解其他人的情绪表达方面的敏感度，以及你在某种场合的情绪强度匹配度，表明了你的情绪稳定度，并使你在下属面前获得自信。

你之所以会受到情绪强度的限制，可能是因为你没有在特定的场合"登记"你的内心情绪状态，或羞于表达自己的情绪。我们有时候恰当地表达了自己的情绪，而在其他场合却不适当地限制或延迟了自己的情绪表达。记录你在特定场合所具有的情绪反应，注意自己阻止情绪表达和在没有任何征兆时就爆发出某种情绪的时间和场合。

当你认识到他人或自己的某种情绪状态时，有意识地选择自己的行动反应。通过实践来培养监测自己的情绪状态，并在每种场合表达匹配情绪的能力。从值得信赖的人那里获得他们对你的情绪强度的反馈。

除了了解情绪强度之外，我们还需要认识情绪的流动性。

情绪流动性指的是在特定场合下不受阻碍地、以适当的速度切换情绪状态的能力。仍以钢琴演奏为例。流畅的演奏者能够自如地根据乐谱，以较快或悠闲的速度演奏。这类演奏者不会受困于特定的音符或段落。

在某种情绪场合，具有情绪流动性的人能够超越特定时刻的情绪。相反，缺乏情绪流动性的人往往会受困于某种情绪，或者无法快速地对特定的场合做出适当的情绪反应。这种情形更容易出现在负面或未确定的情绪状态。特定的情绪状态可能会令人亲近，且感到舒心。

培养情绪流动性具有多种含义。如果你拓展了自己的决策空间，就能游刃有余地处理特定的形势，甚至改变形势的发展。缺乏流动性容易削弱体验周围环境中其他事物的能力。例如，如果领导者受到某个失败项目的困扰，就有可能无法产生激励下属寻找新机会所需要的激情。如果领导者受困于某种情绪，即使这种情绪是正面的，比如希望或乐观主义，其他人也有可能感到沮丧。如果某种场合需要领导者做出抑郁的情绪反应，这时表现出过于正面的情绪反应就会显得极不协调。

情绪融合力指的是理解情绪与思想、身体状态以及创造性表达之间的关系的能力。演奏一段乐曲需要将所涉及的乐器加以结合，如果缺少一段弦乐或铜管乐，听众就无法完全理解该乐曲的艺术价值。同样，领导者如果没有抓住机会看清自己的情绪如何影响到自己的思想、触感和创造力，则无法充分发挥自己的才能。

同样，你对特定情形的思考会影响到你的情绪状态。你能够根据思想来制造情绪。只要想想你一天中经历的情绪变化，你关注的情绪就有可能出现。

你的语言也反映了"情绪与身体触觉密切联系"这一观点，如"我内心相当紧张""她让人头疼""我感到压力越来越重""我觉得非常轻松"。这些常见的表达将焦虑、挫折、恐惧、无忧无虑与身体触觉联系起来。许多人在通过身体触觉体验到情绪之后，才在智力层面意识到这些情绪。同样，你的情绪状态会影响到你的身体状态，也影响到你遭遇身体外伤和疾病时的康复能力。

当然，如果我们深入地去观察自己包括他人的情绪时，我们就会发现，情绪的作用远远还不止这些。情绪是很微妙的情感体现，而它所发挥的作用也是可大可小、无法计算的。如何将这些有利作用最大化地为自己所用，也是我们需要学习的人生课题。

无论是好是坏，情绪都有传染性

假如在一天的开始，寝室里某一个成员情绪很好，或者情绪很坏，其他成员就会受到感染，产生相应的情绪反应，于是就形成了愉快、轻松或者沉闷、压抑的寝室氛围。

情绪好坏对一个人的影响是很大的。因为每一种情绪都很强大，很容易传染他人或者自己。笑脸对人，回收的是笑脸；恶语对人，回收的是恶语；认真地对待生活，生活也会给你真诚的回报。

有一只流浪狗，无意间闯进一间四壁都镶着玻璃镜的屋子。

突然看到很多的狗同时出现，它大吃一惊，这只狗便龇牙咧嘴，发出阵阵低沉的吼声。

而镜子里所有的狗看起来也十分生气，每只狗的脸上也出现怒吼的面孔。这只狗一看，简直吓坏了，不知所措，开始绕着屋子跑起来，一直跑到体力透支，倒地死亡。

其实，真正危害到这只狗的是它自己的情绪，要是这只狗肯对镜子摇几下尾巴，情形就会完全改观，镜子里的狗儿必然会回报它以同样友善的举动。我们对待生活也是一样，镜子就如同他人一样，我们呈现出怎样的情绪，就会被怎样的情绪击中。如果我们是喜悦的，相同的，我们传染给他人的也是喜悦，大家一起心情舒畅；如果我们是悲伤的，我们传染给他人的也是悲伤，当悲伤聚集到一起的时候，我们的内心会因为承受不住巨大的压抑而濒临崩溃的边缘。

试着对你所处的恶劣环境积极主动地表达心中的善意，情形也必会有所改善。在与他人交往中，我们常常会将一些不良情绪带给对方，使对方不是时不时地抱怨就是坐立不安。这时候我们与他人的交往就变得十分困难。

许多人都知道一些交际的心理知识和技巧，每当他们自信地和人打交道时，却因为自己不能保持良好的情绪，让人际交往的结果大打折扣。原因很简单，他们注意到了很多技巧性的东西，却忽略了自己的情绪，这些或紧张或烦躁，或失落的情绪直接反映到一些细节上，例如，双眼黯然无神，不时地看手表，表情僵硬等。这些小细节都会给对方无聊、紧张、冷漠的心理暗示，在这种暗示的影响下，他们的情绪就会被不自觉地牵引，变得十分糟糕，进而对交往产生障碍。

当然，事物都有两面性，糟糕的情绪表现会破坏你和他人的交往，但乐观积极的情绪又会感染对方。正确利用情绪效应，让它为你所用，就能帮你给别人留下很好的印象。

掌握自我情绪，对你的社交会有很大帮助。现代心理学研究发现，人的情绪有两个关键时刻，一是早起时，二是晚上就寝前。如果能把握好这两个情绪的关键时刻，在这两个时刻保持良好的心情，稳定自身情绪，就很容易获得一整天的好心情。

情绪影响你的行为

情绪是动机的前提，如果没有情绪就不可能产生动机。试想一下，如果你对某件事情根本没有注意，没有喜欢、讨厌、高兴、失望等情绪的产生，你就不会产生动机，更不会产生带有动机的行为了。

"有的时候，我很清楚自己在做的事只能让我变得更加痛苦。比如我会被窗外的某些噪音分散心神，但不知为何，那反而给了我更多时间去体会那一刻的恶劣心情，我很惊讶自己居然会变成这样。

"有一天，我躺在床上心情恶劣地翻动身体，晃动的一刹那让我想起了几分钟之前在被窝里的感觉——那种舒适和温暖，可以裹着柔软的被子、枕着舒服的枕头安睡的感觉。我意识到在那一刻，这个世界是美好的，但是这种感觉怎么会消失了呢？于是，我反复对自己说：'想这些事情完全没有用处。'但是我立刻又对自己说：'那么，为什么我总是想着这些事呢？然后我又开始了新一轮的思考，自己究竟出了什么问题？'"

这是安琪在描述自己的抑郁情绪时说的话。她明白自己对于悲伤事件的反应正是令她更痛苦的原因。她努力地想要改善状况——拼命地思索自己的思想出了什么问题——这样只会加剧她的悲伤情绪。

悲伤是人类自然的心理状态，是人与生俱来的一部分。想要摆脱它，既不现实也没有必要。问题的真正根源，不在于悲伤本身，而在于悲伤出现之后所发生的事，在于之后我们对它的反应。

情绪是行动的信号，当情绪对我们说某件事情不太对劲的时候，我们心里肯定会感到很不舒服。情绪的作用本来就应当如此。它是让我们采取行动的信号，督促我们做些什么来纠正情境的偏差。

如果这种信号没有让你感到不舒服，不能促使你采取行动的话，你还会在一辆快速驶来的卡车前面跳开吗？你还会在看到孩子被欺负时出手相助吗？你还会在看到厌恶的事物时掉头走开吗？只有当大脑的记录表明危机已经解除的时候，这种信号才会消退。

当情绪的信号表明问题就"在那里"——可能是一头怒气冲冲的斗牛或者大举压境的龙卷风云——我们会立刻采取行动避免或者逃离这个场景。

大脑会调动一套自动化反应的程序来帮助我们处理危机，摆脱或者避免危险的侵袭。我们把这种最初的反应模式——也就是内心感到不安，想要逃避或者消除某样事物的反应——叫作厌恶。厌恶会迫使我们采取一些适当的措施来处理危机情境，进而把警报信号关掉。从这个层面上来说，它可以为我们所用，有时甚至可以救我们的性命。

但是，当情绪性反应指向"自我"——包括我们的想法、情绪以及自我意识的层面时，同样的反应就可能造成完全相反的结果，甚至危及到我们的生命。没有人能够摆脱自身经验的追赶。也没有人能够通过威胁恐吓的方式把那些烦恼、郁闷和威胁性的想法和感受赶跑。

当我们对消极的想法和情绪采取厌恶的反应机制时，负责生理躲避、屈从或者防御性攻击的大脑环路（大脑的"逃避"系统）便被激活了。而这个环路一旦开启，身体就会像准备逃跑或者战斗时那样紧张起来。当我们的全副精力都用于如何摆脱悲伤或者厌恶情绪时，我们的所有反应都是退缩的。头脑被迫关注着这类摆脱情绪的无效工作，将自己彻底封闭了起来。于是，我们的生活经验也变得越来越窄。不知怎的，就像被挤进了一个小盒子。我们的选择面也变得越来越窄。你会渐渐感到和外界接触的可能性正在不断地被削减掉。

消极情绪是可怕的，它就像眼罩一样，蒙蔽了我们的双眼，让我们看不到正确的方向，从而走上错误的道路。

情绪可以改变命运

不要忽视自己的情绪，因为每一种情绪背后都蕴藏着一种强大的力量。情绪可以改变命运，这绝不是危言耸听。好情绪可以激发一个人的斗志，坏情绪则会打压一个人的进取心，选择哪种情绪，就预示着我们将成为怎样的人。

真正极富天资、得天独厚的人是极为少见的，许多的成功人士都是很普通的人，他们的成就往往要归功于他们良好的情绪。

罗丹出生在一个贫苦的家庭，他酷爱画画，但他目不识丁的父亲却一心想让他成为一个能干活养家的男人，并不指望他成为什么画家。当他得知罗丹背着他偷偷学画后，竟高举着皮鞭逼着罗丹把他画的画和姨妈送的画笔扔进火炉里。

进了校园的罗丹因为把时间都用在了画画上，学习成绩很不好，于是，老师只好禁止他画画。一次，罗丹画了一幅罗马帝国的地图，被教师用戒尺狠狠揍了一顿，小手被打得通红，以致一个星期不能拿笔。

后来，在大姐的帮助下，罗丹终于进了一所免费的美术学校学画。其中的一名教师勒考克是巴黎最杰出的教师，他厌恶美术学院死板僵化的教学方式，他的这种行为引起很多绘画大家的不满，也让罗丹以后的艺术道路受到了影响。当然，这是后话。

由于没有钱买颜料，罗丹不得不放弃自已钟爱的绘画。勒考克觉得罗丹是一个很有前途的学生，觉得他因为买不起颜料而终止学习非常可惜，于是就动员罗丹到雕塑室进行训练。灰心丧气的罗丹被勒考克严厉地数落一通后，跟随老师进了雕刻室。面对雕刻室满地湿乎乎的黏泥、橡皮的胶泥、赤褐色的陶土和一块块的大理石，以及好些梯子、支架和刀具，罗丹一下子被这个新鲜的世界吸引住了。

有了梦想的罗丹暗自告诫自己：这次不管怎么样，都不能半途而废。他每天从巴黎的这一头赶到另一头，对这座城市的街道、广场、花园、大桥和古代建筑，还有著名的塞纳河两岸的大道，都满怀深情，了如指掌。他随身携带的小本子上画了成千上万幅写生。他没有休息日，星期六晚上泡在家里根据记忆画想要雕塑的人物草图，星期天则整天待在家里用黏土进行创作。

一晃三年过去了，罗丹请求勒考克推荐他考美术学院。在得到老师的同意并得到另一位雕塑家的推荐后，罗丹信心十足地去参加美术学院的考试。考试要求每天用两个小时、总共在六天内完成整个人像，罗丹觉得这是做不到的事情，但还是抓紧时间干了起来，两天过去了，他才在纸上画好了草图，而多数考生已塑完了一半，但他们的作品都显得光滑而没有生气。在最后一天，罗丹的作品虽然没有完全塑成，但他感到已是所有考生中最好的。

但是，罗丹的报考表上写着"落选"。第二年、第三年，罗丹的报考表上依然写着"落选"这两个字。

罗丹泪眼模糊。当他跟跟跄跄地走出考场时，一位学画的朋友告诉他："你是个天才的雕塑家，但因为你是勒考克的得意门生，所以他们永远也不会录取你，否则就等于他们赞成勒考克的艺术主张了。"

尽管罗丹此时几乎痛不欲生，但是他及时调整自己的不良情绪，继续投入到了自己的工作中。直到一年后，勒考克把自己视若生命的工作室交给了罗丹。

罗丹终于用他的智慧和刀具，在世界雕塑史上留下了光辉的一页。同时，也使自己成为一尊不朽的雕像！

可以想象，如果面对父亲的责骂、经济的拮据、生活的艰苦以及美术学院的排斥，罗丹退缩了，消沉了，甚至是放弃了，那么世界会永远失去一位伟大的雕塑家。

歌德曾说过："只有两条路可以通往远大的目标，得以完成伟大的事业，力量与坚忍。"力量只属于少数得天独厚的人，但是苦修的坚忍，却艰涩而持久，能为最微小的我们所用。正因为我们有了良好的情绪控制力才得以坚持自我、永不放弃，才能与糟糕的际遇不懈而顽强地斗争。因为它那沉默的力量，是随时间而日益增长的不可抗拒的强大力量。最终，我们总会取得胜利。

重新认识自己的情绪，找到情绪中对我们有利的一面，发掘出它所暗藏的能量，然后运用这份强大的能量来改变我们的命运。

恐惧来自情绪的幻觉

我们恐惧什么？其实，很多时候，我们的恐惧来源于自我意象的提示。就像我们做了一个不好的梦，心里就会想一定是有什么不好的事情将要发生，有了这种心理暗示，我们的紧张情绪就会被调动起来，进而让我们产生恐惧心理。

其实，我们最害怕的事物往往并不存在，那只是想象中的影子罢了。

卫斯里为了领略山间的野趣，一个人来到一片陌生的山林，左转右转，迷失了方向。正当他一筹莫展的时候，迎面走来了一个挑山货的美丽少女。

少女嫣然一笑，问道："先生是从景点那边迷失的吧？请跟我来吧，我带你抄小路往山下赶，那里有旅游公司的汽车在等着你。"

卫斯里跟着少女穿越丛林，阳光在林间映出千万道漂亮的光柱，晶莹的水汽在光柱里飘飘忽忽。正当他陶醉于这美妙的景致时，少女开口说话了："先生，前面就是我们这儿的鬼谷，是这片山林中最危险的路段，一不小心就会摔进万丈深渊。我们这儿的规矩是路过此地，一定要挑点或者扛点什么东西。"

卫斯里惊问："这么危险的地方，再负重前行，那不是更危险吗？"

少女笑了，解释道："只有你意识到危险了，才会更加集中精力，那样反而会更安全。这儿发生过好几起坠谷事件，都是迷路的游客在毫无压力的情况下一不小心摔下去的。我们每天都挑东西来来去去，却从来没人出事。"

卫斯里冒出一身冷汗，对少女的解释十分怀疑。他让少女先走，自己去寻找别的路，企图绕过鬼谷。

少女无奈，只好一个人走了。卫斯里在山间来回绕了两圈，也没有找到下山的路。眼看天色将晚，卫斯里还在犹豫不决。夜里的山间极不安全，在山里过夜，他恐惧；过鬼谷下山，他也恐惧。况且，此时只有他一个人。

后来，山间又走来一个挑山货的少女。极度恐惧的卫斯里拦住少女，让她帮自己拿主意。少女沉默着将两根沉沉的木条递到卫斯里的手上。卫斯里胆战心惊地跟在少女身后，小心翼翼地走过了这段"鬼谷"。

过了一段时间，卫斯里故意挑着东西又走了一次"鬼谷"。

这时，他才发现"鬼谷"没有想象中那么"深"，最"深"的是自己的恐惧。

有些人对一些本来并不可怕的事情却产生了紧张恐怖的情绪。他们自己也能意识到这种恐惧是完全不必要的，甚至能意识到这是不正常的表现，但却不能控制自己，即使尽了很大努力也依然无法摆脱和消除，因而感到极为不安。

许多人简直对一切都怀着恐惧之心：他们怕风，怕受寒；他们吃东西时怕有毒，经商时怕赔钱；他们怕人言，怕舆论；他们怕困苦，怕贫穷，怕失败，怕收获不佳，怕雷电，怕暴风……他们的生命充满了林林总总的恐惧。

从前，有一个国王，他提供了一份非常优厚的奖金，希望有人能画出最平静的画，以便自己在心情烦躁时能拿来缓解情绪。许多画家都来尝试，国王看完所有的画，只有两幅他最喜欢。

一幅画是一个平静的湖，湖面如镜，倒映出周围的群山，上面点缀着如絮的白云。大凡看到此画的人都同意这是描绘平静的最佳图画。

另一幅画也有山，但都是崎岖和光秃的山，上面是愤怒的天空，下着大雨，雷电交加。山边翻腾着一道涌起泡沫的瀑布，看来一点都不平静。但当皇帝靠近一看时，他看见瀑布后面有一个小树丛，其中有一雌鸟筑成的巢。在那里，在奔流的水流中间，雌鸟卧在它的巢里——平静安详。

国王选择了后者，奖金给了画这幅画的画家。

平静并不等于完全没有困难和辛劳，而是在那一切的纷乱中间，心中仍然宁静。

一幅画就能带给一个人内心的安宁，这说来多多少少都有些不可思议。我们总是把情绪和幻觉重叠，无法辨认哪些是真实存在的，哪些是虚幻的。因为情绪本身就有不确定性，它很容易被外界因素所影响。

对自我进行深刻的剖析，认清自己真实的情绪，才是主宰自我的根本所在。

坏情绪会阻碍你成功

约翰·米尔顿曾经说过这样一句话："一个人如果能够控制自己的激情、欲望和恐惧，那他就胜过国王。"

愤怒、憎恨、恐惧、悲哀是最常见的不良情绪。情绪波动的因素很多，可能因为自己目前的状况，可能因周围的环境，内心的理想在现实中达不到，心理的顺境要求不能在现实工作中得到满足，理想和现实的差距是你脾气不好的根源。当面对别人的无端指责而自己却无能为力时，当工作、生活、学习压力太大无法排解时，当事业恋爱不顺时，当亲人无端受害时，当自己的利益受到严重侵犯时，当受到某种打击和刺激时，当受到伤害无处说时，当和人吵架时，当被人冤枉时，甚至输钱、喝醉酒时，有时可能因为别人的一句不顺耳的话或一句无意的玩笑，我们会极端生气、伤心、激动，这些都可能引发我们的坏情绪。

情绪变坏不仅仅会影响我们的生活、我们的工作，更严重时如果调节不好，可能爆发更大的脾气。每个人性格和脾气不同，表现的形式不同，性格比较温和的人会选择沉默或吵几句，脾气比较暴躁的人会发疯地打人、骂人，有些人甚至会丧失理智，呈现出歇斯底里的疯狂状况。一旦情绪失控，就意味着行为失控，一切失控。所以，我们应该尽量避免坏情绪影响我们，生活中有些事情不是我们所能控制的，但我们却可以调节我们的情绪，避免事情向坏的方向发展。

镇上失业了好几个月的年轻人到一个海上油田钻井队求职，他很想得到那个岗位。领班要求他在限定的时间内登上几十米高的钻井架，把一个包装好的漂亮盒子送到最顶层的主管手里。他拿着盒子快步登上高高的狭窄的舷梯，气喘吁吁、满头是汗地上到顶层，把盒子交给主管。主管只在上面签下自己的名字，就让他送回去。他又跑下舷梯，把盒子交给领班，领班也同样在上面签下自己的名字，让他再送给主管。

当他第三次把盒子递给主管的时候，主管看着他，傲慢地说："把盒子打开。"他撕开外面的包装纸，打开盒子，里面是两个玻璃罐，一罐咖啡，一罐开水。他十分生气地抬起头，双眼喷着怒火，射向主管。

主管又对他说："把咖啡冲上。"年轻人再也忍不住了，"啪"的一下把盒子扔在地上："我不干了！"说完他看看摔在地上的盒子，感到心里痛快了许多，刚才的闷气全释放了出来。这时，主管站起身来，直视着他说："刚才让你做的这些，叫作承受极限训练，因为我们在海上作业，随时会遇到危险，就要求队员身上一定要有极强的承受力。可惜，前面三次你都通过了，只差最后一点点，你没有喝到自己冲的咖啡。现在，你可以走了。"

一位哲人说："气便是别人吐出而你却接到口里的那种东西，你吞下便会反胃，你不看它时，它便会消散。"生气时如果不小心控制，不仅伤害身心，还可能导致其他后果，比如机会的丧失。约翰·肯尼迪曾这样说："一个连自己都控制不了的人，我们的民众会放心把我们的国家交给他吗？"

情绪就像人的影子一样每天与我们相随，我们在日常的工作、学习和生活中时时刻刻都体验到它的存在给我们的心理和生理上带来的变化。对于情绪，我们可以有很多具体的词语来描绘，愉快的或不愉快的，高兴的和不高兴的，满意的和不满意的，温和的和强烈的，短暂的和持久的等。人的情绪，是一种巨大的、神奇的能量。它既可以激发人的无穷动力，又可以把人推向万劫不复的深渊。

有人说，生活就是一面镜子，你笑她就笑，你哭她就哭。千万不要让坏情绪影响了你的人生，阻碍了你的成功。

好情绪造就好人生

牛顿说："愉快的生活是由愉快的思想造成的，愉快的思想又是由乐观的个性产生的。"的确，生活是你自己的，选择快乐还是痛苦都由你决定。要想赢得人生，就不能总把目光停留在那些消极的东西上，那只会使你沮丧、自卑、徒增烦恼。

苏珊娜是由一位心态非常积极而且又非常善于解决问题的母亲抚养成人的。母亲给人鼓舞的教育给苏珊娜的成长带来了莫大的帮助。

苏珊娜刚刚 4 岁的时候，父亲就因心脏病去世了。当时，她的母亲只有 27 岁，带着两个孩子，又没有钱。突如其来的厄运给她的打击几乎是致命的，使她一度陷于绝望。但她终于重新振作起来，鼓足勇气活下去。

在苏珊娜的父亲死后的好几年里，她们家非常穷，怎样勉强填饱肚子是母亲最担心的事。可是，她的母亲没有为家境贫穷而烦恼，而是想办法去挣钱，在家里为一个当律师而雇不起全职秘书的邻居做打字工作。苏珊娜也找到一个贴补家用的门路，她 8 岁的时候，就教邻居一些还没上学的孩子识字。那些孩子的父母亲很感激，便供给她食宿费用。

苏珊娜最敬佩的，就是母亲那种乐观的情绪。

她记得，如果遇到五个难题，母亲就会说："没遇到六个难题，这不是走运吗？"当时买不起汽车，母亲就说："咱们住得离公共汽车站这么近，难道还不满意吗？"过节的时候没钱给她买新衣服，母亲就用家里的旧衣服拼拼凑凑地做一件，然后就表扬自己的手艺好。她高高兴兴地处理这些问题。苏珊娜在学校上学的时候，有一次没被选上班干部。母亲说："好呀，现在有时间来筹划一次比较成功的竞选运动了，下次选举你一定能够当选。"

多年耳闻目睹母亲这样乐观积极地处理问题，苏珊娜也有了积极的生活态度。凡是遇到困难的时候，她就以学来的乐观情绪去对待，战胜困难。母亲微笑的脸和充满鼓励的话，总是给她力量，给她勇气。每当她情绪消沉、抱怨不满或者在学校里碰到难办的事情时，母亲的精神就会帮她坚持下去，然后得到一个很好的结果。不管是对待工作的问题、人际交往的问题，还是对待她自己的问题，都是这样。

研究发现，乐观或是悲观的生活态度关系到一个人的生活质量和身体健康。研究对象先是在 20 世纪 60 年代做了性格测试。30 年之后，他们又参与了一次后续健康状况评估。研究人员发现，30 年后，研究对象中，乐观主义者不但身心健康状况要好于悲观主义者，而且乐观主义者的平均寿命要比后者长。

人处在逆境中，要学会保持心理平衡，切记不要被坏情绪控制。要认识到，事情已经发生，任何忧愁哀伤都不能改变事实，没有任何实际意义。我们应该学着从多种角度来看待问题，逆境未必就一定是坏事，重要的是自己仍然有希望。

生活中，有许多人在遇到不愉快的事或心情不佳时，常常闷不做声，不肯把自己的不快乐告诉别人，即便是最亲近的人，这种方式很不好。情绪就像洪水，只有疏导才能真正解决问题，想要压抑或阻止都是糟糕的做法，其结果往往是于他人无益，于自己有害。主动向亲近的人倾诉自己的心里话，常是宣泄情绪的好办法，情绪好转了，许多事也就解决了。

消极情绪就像污染源，它会把你的人生弄得乌烟瘴气，既然我们认识到了消极情绪的危害，就应当有意识地避开消极情绪，当它出现时，可以多想一些高兴的事，自觉地用乐观情绪来代替悲观情绪。乐观情绪调动起来就会使大脑皮层处于兴奋状态，可以逐渐淡化消极情绪。

　　乐观是无形的，但它是有力量的，而且乐观的力量又是超乎想象的。乐观的人就是这样变通地看待生活和问题的，他们总能在困难和不幸中发现美好的事物。他们相信自己，相信自己能主宰一切，正如哈佛教授亨利·霍夫曼所说："你是否快乐或痛苦，不完全取决于你得到什么，更多地在于你用心去感受到了什么。"

第二章

战胜人性弱点，跨越
心态藩篱

第一节　超越自卑：你是最好的自己

用自强战胜自卑

　　生活中大多数人都习惯自怨自艾、自我批判，他们最常说的是"我身材难看""我能力太差""我总是做错事"……他们总是把目光放在自己所谓的缺点上，并且自甘低落。其实，每个人身上都会有一些令自己不如意的地方，当你产生这些想法的时候，不妨换个角度欣赏自己，相信你一定会看到属于自己的一份美丽。

　　60年前，加拿大一位叫让·克雷蒂安的少年，他曾因疾病导致左脸局部麻痹，嘴角畸形，说话口吃，讲话时嘴巴总是向一边歪，而且还有一只耳朵失聪。

　　听一位医学专家说，嘴里含着小石子讲话可以矫正口吃，克雷蒂安就整日含着一块小石子练习讲话，以致嘴巴和舌头都被石子磨烂了。母亲看后心疼得直流眼泪，她抱着儿子说："孩子，不要练了，妈妈会一辈子陪着你。"克雷蒂安一边替妈妈擦着眼泪，一边坚强地说："妈妈，听说每一只漂亮的蝴蝶，都是自己冲破束缚它的茧之后才变成的。我一定要讲好话，做一只漂亮的蝴蝶。"

功夫不负有心人，终于，克雷蒂安能够流利地讲话了。他勤奋且善良，中学毕业时不仅取得了优异的成绩，还获得了极好的人缘。

1993 年 10 月，克雷蒂安参加全国总理大选时，他的对手大力攻击、嘲笑他的脸部缺陷。对手曾极不道德地说："你们要这样的人来当你的总理吗？"然而，对手的这种恶意攻击却招致大部分选民的愤怒和谴责。当人们知道克雷蒂安的成长经历后，都给予他极大的同情和尊敬。在竞争演说中，克雷蒂安诚恳地对选民说："我要带领国家和人民成为一只美丽的蝴蝶。"结果，他以极大的优势当选为加拿大总理，并在 1997 年成功地获得连任，被国人亲切地称为"蝴蝶总理"。

生活是不圆满的，它总会给人生留下很多空隙，这其中最大的空隙就是理想与现实的距离。也许你想成为太阳，可你却只是一颗星辰；也许你想成为大树，可你却只是一株小草；也许你想成为大河，可你却只是一泓山溪……于是，你很自卑。

自卑的你总以为命运在捉弄自己。其实，你也可以这样想：和别人一样，我也是一道风景，也有阳光，也有空气，也有寒来暑往，甚至有别人未曾见过的一株春草，甚至有别人未曾听过的一阵虫鸣……做不了太阳，就做星辰，让自己的星座，发热发光；做不了大树，就做小草，以自己的绿色装点希望；做不了伟人，就做实在的小人物，平凡并不可卑，可悲的是你不能安心地接受自己的平凡。

其实，自卑就是一种过多的自我否定产生的自我贬低的情绪体验，是一种认为自己在某些方面不如他人的自我意识和自己瞧不起自己的消极心理，它是由主观和客观原因造成的。长期被自卑情绪笼罩的人，一方面感到自己处处不如别人，一方面又害怕别人瞧不起自己，逐渐形成了敏感多疑、胆小孤僻等不良的性格特征。自卑使他们不敢主动与人交往，不敢在公共场合发言，消极应付工作和学习，自暴自弃，不思进取。

古人说，"有长必有短，有明必有暗"，其实每个人都是一样的，人人都有自卑的一面。而在通往成功的路上，我们只有勇于向自卑宣战，有化蝶的精神，才能成为一个自信的成功者。

不要成为自卑的俘虏

从性格方面讲，具有自卑心理的人性格懦弱、内向，意志比较薄弱。这种人对于别人的误解与无端责难总是习惯妥协、沉默忍受。自卑者在交往活动中缺乏自信，失败的体验多。自卑是影响交往的严重心理障碍，它直接阻碍了一个人走向群体，去与其他人交往。要战胜自卑心态，不要做自卑的俘虏，其实，战胜自卑的过程，其实也是磨炼心态、战胜自我的过程。

一位大学生毕业被分配到一个偏远的小镇任教，和他一同毕业的同学大多数都留在了大城市。他们有的在事业单位，有的在大企业，有的投身商海，他觉得哪个都比自己有出息，现实在他眼里好似从天堂掉进了地狱。

他越是觉得不公平，心态就越不平和，内心的自卑感也油然而生。从此，他不愿与同学或朋友见面，不参加公开的社交活动，为了改变自己的现实处境，他寄希望于报考研究生，并将此看作唯一的出路。

强烈的自卑与自尊交织的心理让他无法平静，每次拿起书本，常因极度的厌倦而毫无成效。他感觉一翻开书就头疼，一个英语单词记不住两分钟；读完一篇文章，头脑仍是一片空白。最后连一些学过的常识也记不住了。他开始憎恶自己，憎恶让他无法安心读书的环境。

几次失败以后他停止努力，荒废了学业，当年的同学再遇到他，他已因过度酗酒而让人认不出来了。他彻底崩溃了，面对内心的自卑，他已经无力反击，大好的青春也就这样白白葬送了。

故事中的青年就是因为陷入自卑的泥潭之中不能自拔，才造成了自己可悲的人生。我们怎样做，才能战胜自卑，成为自己人生的主宰者呢？我们可以从以下三个方面做起。

第一，正确评价自我。

充分认识自己的能力、素质和心理特点，要有实事求是的态度，不夸大自己的缺点，也不抹杀自己的长处，这样才能确立恰当的追求目标。特别要注意对缺陷的弥补和优点的发扬，将自卑的压力变为发挥优势的动力，从自卑中超越。

第二，提高自信勇气。

要相信自己的能力，学会在各种活动中自我提示：我并非弱者，我并不比别人差，别人能做到的我经过努力也能做到。认准了的事就要坚持干下去，争取成功；不断的成功又能使你看到自己的力量，变自卑为自信。

第三，积极与人交往。

不要总认为别人看不起你而离群索居。你自己瞧得起自己，别人也不会轻易小看你。能不能从良好的人际关系中得到激励，关键还在自己。要有意识地在与周围人的交往中学习别人的长处，发挥自己的优点，多从群体活动中培养自己的能力，这样可预防因孤陋寡闻而产生的畏缩躲闪的自卑感。

自卑实际上是一种徒然的自我折磨，因为它既不会给你以激励，也不会给你以力量，反而只会摧老你的身心，盗走你的骨气，并最终毁了你的事业前景。

自卑是人生最危险的杀手，它可以轻而易举地毁掉一个颇具才华的人。一个怀有自卑情结的人，往往会坐失良机。当好机会出现在眼前时，不敢伸手去抓，不敢奋力一拼，就会让机会从身边溜走。

自卑是人自尊、自爱、自励、自信、自强的对立面，自卑是人冲出逆境的绊脚石，自卑是自己为自己设置的障碍，只有跨越这道门槛，自卑者才能集中精力和斗志去从事自己的事业，开始一种新的生活。强者不是天生的，他也有软弱的时候，强者之所以成为强者，是因为强者善于战胜自己的软弱。伟人之所以伟大，在于他们始终保持着一种积极乐观的心态，比普通人更自信。

因此，做人应有自知之明。客观准确地评价自己是我们应该具备的一种人生智慧。但有些人却做不到这一点，过分的自卑让他们失去了正确评估自己的能力。其实，任何人身上都有别人无法具备的优点，将这些优点充分利用，你就完全可以成就自己。

人生没有"假如"

人类有一个通病，就是喜欢把发生的或者未发生的事情，用假设的想法模拟实施。其实，这本身就是一种自卑心理。

很多时候人会这样问自己："假如……我可以吗？"这是一种不自信的表现。其实自卑和自信往往就在一念之间，去除自卑，自信就会从心底应运而生。

请检视一下自己，你是否在不知不觉中给自己贴上自卑的标签了。

世上大部分不能走出生存困境的人都是因为对自己信心不足，他们就像一颗脆弱的小树苗一样，毫无信心去经历风雨，这就是一种可怕的自卑心理。所谓自卑，就是轻视自己，自己看不起自己。自卑心理严重的人，并不一定是其本身具有某些缺陷或短处，而是不能敞开心胸接纳自己。他们总是自惭形秽，常把自己放在一个低人一等、不被自我喜欢，进而演绎成别人也看不起自己的位置，并由此陷入不能自拔的痛苦境地，心灵笼罩着永不消散的愁云。

有一位哲人，在风烛残年之际，他知道自己时日不多了，就想考验和点化一下他的助手。因为他的助手平时对工作尽心尽力，而且也有相当的能力。这一天，他把助手叫到床前说："我需要一位最优秀的承传者，这个人不但要有相当的智慧，还必须有充分的信心和非凡的勇气……这样的人选我找了好久，直到目前我还未见到，你能帮我寻找和发掘一位吗？"

助手听了哲人的请求，温顺、诚恳地说道："当然可以，请您放心，我一定竭尽全力地去寻找，绝不辜负您的栽培和信任。"

之后，那位忠诚而勤奋的助手不辞辛劳地通过各种渠道开始四处寻找。可他领来一位又一位，都被哲人一一婉言谢绝了。助手觉得自己很没用，连哲人最后的请求都不能完成，他感到很难过。有一天，病入膏肓的哲人硬撑着坐起来，抚着那位助手的肩膀说："真是辛苦你了，不过，你找来的那些人，其实还不如你……"

听到这样的话，助手更加惭愧了，可他并不认为自己是能够担当此任的人，他看着哲人信任的目光，不禁在心里问自己："你能行吗？你可以做好吗？"最后，他只是摇摇头，别过脸去，不再看哲人的神情。

之后，他又竭尽全力地寻找了半年，眼看哲人就要告别人世了，最优秀的人选还是没有眉目。助手泪流满面地坐在病床边，语气沉重地对哲人说："我真对不起您，令您失望了！"

"唉！"哲人看着助手叹了口气，继续说道，"失望的是我，对不起的却是你自己啊！"哲人说到这里，很失望地闭上眼睛，停顿了许久，才沉重地说："本来，最优秀的人就是你自己，只是你不敢相信自己，觉得自己没有足够的能力，才把自己给忽略、给丢失了……其实，每个人都是最优秀的，差别就在于如何认识自己，如何发掘和重用自己……"

话没说完，哲人就永远离开了这个世界，那位助手非常后悔。

假如那位助手不那么自卑，那么情况可能就是另一种样子，可是人生没有假如。当大好的人生机遇出现在眼前时，自卑者常常怀疑自己是否有能力做好它，于是，他们踌躇着，不敢伸手一抓，不敢奋力一搏，最后，只得看着机遇从眼前消失。

未战心先怯的心态，只会白白贻误良机。在面对一件事情的时候，有很多人明明可以抓住机会，可是由于内心的自卑，他们只会看着机会从身边悄悄溜走，等到事情过后，又陷入不断的自责之中，于是更加自卑。更重要的是，具有自卑情结会造成人格和心理的卑怯，不敢面对挑战，不敢以火热的激情拥抱生活，而是卑怯地自怨自艾。久而久之，积卑成"病"，就会失去应有的雄心和志气。

所以，我们一定要根据自身的条件，横扫身上的一切自卑情结，避免自卑心态的形成。当怀疑自己能力的时候，要学会不断地暗示自己可以出色地完成任务；当觉得自己不如别人的时候，要告诉自己他们只是早成功了一步而已，如果自己积极进取，通过奋斗就一定可以比他们更成功。我们每个人都应如此，相信自己的力量，相信自己是最优秀的人，只有这样，才能让"假如"变成一定。

不要对自己说"我不能"

人的一生中所有的事情，只有在亲自经历过之后才能下结论。既然如此，面对任何事情，我们都要拿出"非做做看不可，否则不能说不能"的态度。换句话说，除了"做"之外，没有其他方法，如果做都没做，就得出不能的结论，这就是一个人自卑的表现。要知道，我们的能量来自于自然的赐予，而自然对于我们来说，仍是一个未知数。无法认识自然，也就无法知道我们自己到底存在多大力量，所以，请不要轻易对自己说"我不能"。

现实中，有很多人都习惯拿自己的经验来做论证："这件事我做不了。""这是我能力达不到的。"却很少有人能够意识到，其实经验本身是微不足道的，有时还具有欺骗性。人必须经历未知的体验，才能激发出自己的潜能，所以，生存的真正喜悦在于经常能够发现自己未知的新力量，并且惊讶地说出"原来我竟具有这样强大的力量"，这才是人生最大的惊喜。

那些总是夸夸其谈的人，总是炫耀自己做过别人所未做的事情，反过来看，他其实是在说自己"只能做……事"，这本身就是忽视自己的潜能的表现。

一位撑杆跳选手，一直苦于无法超越一个高度。他失望地对教练说："这应该是我的极限了。我实在是跳不过去。"

教练问："在起跑之后，你心里在想什么？"

他说："我一冲到起跳线时，看到那个高度，就觉得我肯定是跳不过去的。"

教练听了，拍拍他的肩告诉他："你一定可以跳过去。你现在要做的就是挺起你的身子来，把你的手放在心的位置。

这位选手按照教练说的做了。然后教练又说道："大声地告诉自己'我一定能够跳过去'！"

选手又按照教练说的做了，然后他满怀着信心大喝一声，奇迹出现了，他果然一跃而过。

当这位选手疑惑地看向教练时，教练说话了："要记住，只要把你的心从杆上撑过去，你的身子就一定会跟着过去。"

在人生的赛场上，我们每个人都是一个撑杆跳选手，不同的是，我们一次次跳过的不是标尺的高度，而是"我不能"的精神障碍。

只要你肯相信自己的能力，就一定能摘下"我不能"的面具。相信自己有能力做好身边的每一件事，只有给自己这样的信心，才可以跨出自卑心理的圈子，走上成功之路。

很多人的"我不能"并非客观上的原因，而是因为自卑贬低了自己的能力，才使得自己变得无精打采、毫无斗志。

不要无限地夸大自身的缺点。如果你认为自己满身是缺点，如果你自认为是一个笨拙的人，如果你承认自己绝不能取得其他人所能取得的成就，那么，你只会失败。

我们每个人都会在心中为自己复制一幅理想图景，为自己描绘画像。没有哪一个人会比自己心中描绘的做得更好。如果一个天才相信他只是一个笨蛋，并且一直那么想，那么他就会真的成为一个"笨蛋"。

卓越者从不会说"我不能"，他们总是用自信去激发自己的潜能。这就是为什么一个对自己信心十足但看似平凡的人所取得的成就，往往比一个具有非凡才能但自信心不足的人所取得的成就大得多的原因。

被称为"世界最伟大的推销员"的乔·吉拉德就是经过了克服自卑、战胜自我的挑战过程，才有了今天的成就。

乔·吉拉德于1929年出生在美国一个贫民窟，他从懂事起就开始为生计而忙碌。他做过鞋匠、报童、洗碗工、送货员、电炉装配工和住宅建筑承包商，等等。可以说在35岁以前，他在事业上一路坎坷，是一个全盘的失败者，不仅朋友离他而去，还有一身的债务困扰着他，就连妻子、孩子的吃喝都成了让他头疼的问题。

不仅如此，乔·吉拉德从小就有严重的口吃毛病，这令他相当自卑。他换过四十多个工作仍然一事无成。最后，他卖掉汽车，开始了他的推销生涯。

乔·吉拉德来到一个全新的工作岗位，处处碰壁。但他反复告诉自己："你认为自己行就一定能行。"这已经成了他多年的口头禅。正是这种"相信自己一定能做得到"的勇气使他走出了第一步。每拜访一个顾客，他都恭敬地把名片递过去，不管是在街上还是在商店里，他抓住一切可以推销的机会，推销他的产品。正是因为他不懈的努力，那种一定能够胜任本项工作的卓越精神推动着他。三年以后，他成为全世界最伟大的推销员。正是这种去掉"我不能"的卓越心态，使他在短短的三年内被《吉尼斯世界纪录》评为"世界上最伟大的推销员"。至今这个一直被世人称为"能向任何人推销出任何商品的神奇人物"还保持着平均每天卖 6 辆汽车的销售纪录。

低劣、平庸的自卑所产生的有效力量远没有伟大、崇高的自信所产生的有效力量强大。面对问题，不要说"我不能"，取而代之的应是"相信自己一定能做到"。如果你拥有了伟大、崇高的自信心，你就不会总说"我不能"。你身上的所有力量就会紧密团结起来，帮助你实现理想，因为精力总是跟随你确定的理想在走。

一定要对自己有一种卓越的自信，一定要相信"天生我材必有用"。要迈向卓越、挑战自我，第一步就是克服自卑，摘掉"我不能"的帽子，自信地去迎接未来的挑战。

学会放大自己的优点

你不是不能成功，你是没有看到自己所具有的走向成功的优点。

很多时候，放大自己的优点就是我们战胜困难的最好方法。许多成功都源于找到了自身的优点，并努力地将其放大，成为自己明显的优势。当然，放大自己的优点应在合理地认识自己、自我评价正确的基础上，否则，那就是一种自我欺骗与自我夸大。

19 世纪时的法国，有一个穷困潦倒的青年，从乡下流浪到巴黎。他找到父亲的一位朋友，希望他能够帮自己找到一份工作，使自己能在这个大城市中站稳脚跟。

青年和父亲的朋友见了面。寒暄之后，父亲的朋友问他："年轻人，你有什么特长呢？你精通数学吗？"

青年听了羞涩地摇摇头。

"历史、地理怎么样？"青年还是不好意思地摇摇头。

"那么法律或别的学科呢？"青年再一次窘迫地低下头。

"会计怎么样……"

面对父亲朋友提出的种种问题，青年都只能以摇头作答。青年的头越来越低，他似乎在无声地告诉对方：自己一无所长，一无是处，连一点儿优点也找不出来。

父亲的朋友并没有因为这些而对这位青年失去耐心，他对青年说："那你先把自己的地址写下来吧，你是我老朋友的孩子，我总得帮你找一份差事做啊。"

青年的脸涨得通红，羞愧地写下了自己的住址，就急忙想转身逃开，离开这个令自己深感耻辱的地方。可是在他刚要走的时候，父亲的朋友叫住了他，和蔼地说道："年轻人，你的字写得很漂亮呢，这就是你的优点啊，你不应该只满足找一份糊口的工作，你完全有能力获得更好的生活。"

字写得好也算一个优点？青年疑惑地看着父亲的朋友，但他很快就在父亲朋友的眼神中看到了肯定的答案。

告别父亲的朋友之后，满怀着喜悦的青年走在路上浮想联翩：我能把字写得让人称赞，那我的字就是写得很漂亮了；能把字写得漂亮，我是不是也能把文章写得好看、引人入胜呢？受到初步肯定和鼓励的青年，开始把自己的优点一点一点地放大。他一边走一边想，兴奋得连脚步都变得轻松起来。

从此以后，这个青年开始发愤自学。数年后，这个原来沮丧失望的青年果然获得了成功。他写出了享誉世界的经典之作，成了一名非常杰出的作家——他就是家喻户晓的法国著名作家大仲马。他的小说《三个火枪手》和《基督山伯爵》流传至今，成为世界文学史上的经典之作。

缺乏自信的人，常常对自己的优点视而不见。事实上，我们每个人都不会一无是处。人人都潜藏着独特的天赋，这种天赋就像金矿一样埋藏在看似平淡无奇的生命中。对于那些总是羡慕别人，认为自己一无是处的人，是挖掘不到自身的金矿的。如果当年的大仲马只把一句赞美的话当作一个好心的安慰，他就不会对自己的人生有更深的思考；如果他不是一点一点地放大自己的优点，给自己一份信念的话，他也不会获得巨大的成功。

在人生的坐标系中，一个人如果站错了位置——用他自己的短处而不是长处来谋生的话，那是非常可怕的，他可能会在自卑和失意中沉沦。一个人只有紧紧抓住自己的优点，并且加以利用，才有可能成功。

生活就是这样的，无论是有意还是无意，我们都要对自己有信心。不要总是拿自己的短处去对比人家的长处，却忽视了自己也有人所不及的地方。自卑是心灵的腐蚀剂，自信却是心灵的发电机。所以我们要学着找到自己的优点，并且将自己的优点最大化，使它发挥最大的作用。要记住无论身处何种境地，都不要让自卑的冰雪侵占心灵，而应燃烧自信的火炬，始终相信自己是最优秀的，这样才能调动生命的潜能，去创造美好的生活。

成功，源于你接纳自己

自卑，会让我们的眼睛看不到真正的自己，一个自卑的人，对自身总是充满了怀疑，认为自己一无是处，将来也不会有幸福的人生，他们很容易就给自己贴上了失败的标签，并且甘愿碌碌无为地生活。

其实，世界上没有任何人是一无是处的，就像世界上没有十全十美的人一样。关键是看我们自己选择如何自处。

1957 年，泰国一家寺院迁址，其中一部分僧人负责搬运寺院里一尊巨大的黏土佛像。在搬运过程中，一名僧人注意到，佛像表面的黏土上出现了一丝裂缝。为了避免佛像受损，僧人们决定暂时中止佛像的搬运工作。

当天夜里，一名僧人打着手电筒来检查佛像的时候，忽然发现裂缝处在手电光下发出了奇异的反光。这让僧人非常好奇，于是他找来了锤子和凿子，开始凿宽佛像上的裂缝。黏土一块块落下，佛像逐渐现出了黄澄澄的颜色。最后，当辛苦了几个小时的僧人抬起头来，惊奇地发现灰扑扑的土佛已经变成了一尊华贵的金佛。

许多历史学家相信，这尊金佛是在几百年前被当时的泰国僧人们用黏土覆盖起来的，因为当时缅甸的军队正在入侵泰国，他们要保护佛像不被敌军掠走。由于参与保护佛像的所有僧人都死于战火，所以直到1957年寺院搬迁的时候，佛像的秘密才重新被人发现。

如果不是佛像上的那条裂缝，也许永远不会有人发现这尊古老的佛像竟然是金子铸成的。其实，我们的内心世界，就像那尊被黏土覆盖起来的金佛一样，以为自己满是尘埃的外表很不堪，便害怕面对外面的世界，固守在自己的一方小天地里，自卑叹息，渐渐地，就会忽略自己原本会发光发热的优点，总觉得自己不会被他人接受，却不曾想到最不能接受自己的人竟然就是自己。如果你真的想成功，就要鼓起勇气，敢于敲掉表面的黏土，只有这样，你才能重新焕发出金子的光芒。

正如心理学家所认为的那样，积极的心态是一种力量。心态的力量是很容易培养的，所需的唯一要求是要相信自己，肯定自己。

自卑的人，总哀叹事事不如意，老拿自己的弱点比别人的长处，越比越气馁，甚至把自己比到无立足之地。有的人在旁人面前就脸红耳赤，说不出话；有的人遇上重要的会面就口吃结巴；有的人认为大家都欺负自己，因而厌恶他人。因此，若对自卑感处置不妥，无法解脱，将会使人消沉，甚至走上邪路，坠入黑暗的深渊，最终走上自毁的道路。

事实上，每一个事物，每一个人都有自身的优势，都有其存在的价值。关键是看我们怎样去看。自卑的人总是意识不到自己的自卑，如果一个人承认自己的自卑，并敢于接纳这样的自己，也不失为一种成功。

一个人被公认为是全班最胆小、最怯懦者，大学毕业时大家挥手告别，许多人预言十年后再相聚他将是最失败的人之一。十年后的相聚如期举行。当年许多意气风发、指点江山的同学如今被生活改变成了一言不发的旁观者，许多才华横溢、认为一出校门即可拥有一切的同学却因苦苦挣扎但终无意料之中的成功而垂头丧气，只有他——那个被公认为将是最失败者，还是和当年一样平凡得如一粒尘土，不出众，不显眼，也不高谈阔论。

聚会到了高潮，每人依次上台讲述自己的现状和理想，还有对目前生活的满意程度。大多数人目前的现状不如当年跨出校门时那么理想，对目前生活满意者几乎没有。

他上台了："我目前拥有数家公司，总资产上亿元，远远超过当年走出校门时的理想。如果说还有什么遗憾的话，就是我认为我离那些我所欣赏的成功者还很遥远。是的，无论是在学校还是走向社会，我一直很自卑，感觉每一个人都有特长，都比我强。所以我要努力学习每一个人的特长，并且丢掉自己的缺点。但我发现无论我如何努力都无法赶上所有的人，所以我就一直自卑下去。因为自卑，我把远大理想放在心底，努力做好手头的每一件小事；因为自卑，我将所有的伟大目标转化成向别人学习的一点点的进步。每进步一点，战胜一个自卑的理由，同时又会发现另一个自卑的理由。这样，永远让自己处在自卑之中，我就会获得源源不断的前进动力。"

一个能意识到自己有自卑感的人，要比自己感觉不出来的人好很多，这意味着他已经走上了克服自卑的道路。其实，要想克服自卑心理，就要学会与自信为友，因为自信是消除自卑

别让心态毁了你

心理最根本的动力。

当知道自己在某方面有缺陷、不如人的时候，热爱生活、想成为生活强者的人，会懂得"以勤补拙""笨鸟先飞"的道理。而要做到这一点，自信心很重要。因为只有自己相信自己、乐观向上、对前途充满信心，并积极进取，才是消除自卑、促进成功的最有效方法。面对失败，更不能贬低自己，可以告诉自己：别人未必会做得比我好。要明白，人并不惧怕失败，怕的是没有面对失败的勇气。

从现在开始，重新审视自身的价值。如果你能正确地评价自己，接纳自己，成功就不会离你而去。

相信自己是独一无二的

歌德有句名言："只要你足够自信，别人也就会相信你。"

一个人的信心与能力通常是齐头并进的。每一个追求卓越的人都必须全力以赴面对人生的难题，只有这样，他才能成为一个真正卓越的人。当然，前提是这个人必须有足够的自信，相信自己是独特的，相信自己一定可以成为一个成功的人。

一名士兵奉命将一封信送往自己景仰的统帅——拿破仑的手中，这名士兵接到这个任务之后，十分地兴奋。由于过于兴奋，再加上他想早些见到自己敬仰的统帅，他就拼命地策马前行，结果导致胯下的坐骑一到目的地就累死了。拿破仑读了信后，当即就做出了回复，并命人牵过自己的战马，吩咐那名士兵立刻骑马回营。

"不，尊敬的将军，"那名士兵看到统帅那匹心爱的骏马，连退数步，之后恳切地说，"我只是一个普通的士兵，没有资格骑这匹高贵的马。"

"你要做的就是服从命令！"拿破仑不假思索地答道，"世上没有一样东西是法兰西战士不配享有的！"

　　士兵听了拿破仑的话，一下子想明白了。他昂起头来，骄傲地向拿破仑行完军礼，立即上马，绝尘而去。

　　这世界上，没有哪个人一出生就注定了是高贵或者卑微的。只不过有些人把自己想得太卑微。他们常用的借口是"唉，我能力太差""我不配……"等等。这使得他们根本无法实现自己的目标。就像拿破仑眼中的士兵一样，他们每个人都有自己独特的价值，有什么理由自卑呢？

　　兰兰觉得自己长得不够漂亮，很自卑，走路都是低着头的。有一天，她到饰物店去买了个蓝色蝴蝶结，店主不断赞美她戴上蝴蝶结很漂亮。兰兰虽不信，但是挺高兴，不由得昂起了头，急于让大家看看，连出门与人撞了一下都没在意。

　　兰兰走进教室，迎面碰上了她的老师。"兰兰，你抬起头来真美！"老师爱抚地拍拍她的肩说。

　　那一天，兰兰得到了许多人的赞美。她把这一切的赞美都归功于蝴蝶结，可就在她往镜前一站的时候，她才发现头上根本就没有蝴蝶结。兰兰想了好久，认为一定是出饰物店时和人撞了一下给碰丢了。但是，兰兰并不觉得丢了蝴蝶结是一件难过的事，因为她知道，以后她再也不需要蝴蝶结了。因为她相信，这个世界上的每一个人都是独一无二的，她自己也不例外。

　　兰兰之所以不需要蝴蝶结，是因为她发现美丽源自克服羞怯后的那份自信与从容。只要抬起自信的头，即使没有蝴蝶结又有什么关系呢？因为，美丽已经在你的眉间、眼底悄然呈现了。

　　我们每个人都应该学着做自己，没有必要生活在他人的评论中，更无须将宝贵的青春挥洒给他人看。不会欣赏我们的人我们可以不理会，但是假若连你自己都不懂得欣赏自己，那就十分悲哀了。一个人要想获得他人的肯定，首先就要对自己充满信心，你只有拥有足够的自信，别人才会为你添一抹尊敬的色彩。这个世界上，每个人都是独一无二、不可复制的，不要怀疑自己，因为真实的自己是最美丽的。

从现在起，发现自己、认识自己、相信自己、主宰自己的命运从发现自己开始。任何希望改变自己，跟随他人脚步的人都是愚蠢的，坚持走自己的路才能走出一段光辉的旅程。

微笑面对生活的不完美

我们生活在这个世界上，每天都会遇到很多不同的事情。在面对这些事情的时候，我们应该像苏格拉底那样看到它好的一面，因为人生毕竟有限，何必总是注意事物不好的一面，使自己闷闷不乐呢？

人生有许多面，有积极也有消极，有活力也有颓废，你怎么搭配组合，你的生活面貌便会怎么呈现。如果你希望你的人生是彩色的，那就别再过着灰暗的生活。

从不同的角度看人生，这是一种智者的态度，一种对生活充满希望的智慧。如此，你便会发现生命的美好。

一个圆环被切掉了一块，圆环想使自己重新完整起来，于是就到处去寻找丢失的那块碎片。因为它不完整，所以滚得很慢。它就这样慢悠悠地滚在山间的小路上，他悠闲地欣赏路边的花儿，开心地和虫儿聊天，惬意地享受着温暖的阳光。在这一路上，圆环发现了许多不同的小块儿，可没有一块适合它，于是它继续寻找着。

终于有一天，圆环找到了丢失的那一块，它高兴极了，欣喜地将那块装上，然后又滚了起来，它终于成为完美的圆环了。完美的圆环比以前滚得快多了，以致它无暇注意美丽的花儿，不能和虫儿聊天，更不能惬意地晒太阳了。当圆环发现飞快的滚动使得它的世界再也不像以前那样时，它停住了，它觉得这样的自己很不快乐。于是，圆环把找回的那一小块又放回到路边，它自己缓慢地向前滚去。

这个故事告诉我们，生命有时候是很奇妙的，也许正是失去，才令我们完整；也许正是缺陷，才体现我们的真实。

世界上，没有任何人是十全十美的，再优秀的人也有缺点，再愚笨的人也有优点。我们要学着对自身多做正面评价，不要用放大镜去看自己的缺点。对自己是这样，对他人也应如此，要避免用完美主义的眼光去观察每一个人，要以宽容之心包容其缺点。少一些责难，多一些宽容。

在我们身边，有很多人在为自己的缺陷和不足自怨自艾，从而丧失了自信，变得自卑。其实，只要我们勇于把写着"缺陷""不足"的这块堵在心口上的石头放下来，不要过分地去关注它，它就不会成为我们前进的障碍。

正是因为有了缺憾，才使我们整个生命有了前进的动力，如果你肯珍惜缺憾，说不定它就会成为下一个完美。

人生就是充满缺陷的旅程。从哲学的意义上讲，人类永远不满足自己的思维、自己的生存环境、自己的生活水准。这就决定了人类会不断的追求创造，从简单的发明到高科技产品，从简单的词汇到庞大的思想体系。没有缺陷，产品便不会一代代更新；没有缺陷就意味着圆满，绝对的圆满是不存在的。

一些社会学家曾对许多身体有缺陷的成大事者进行分析，最后得出结论：这些人成功的原因大部分是因为某种缺陷激发了他们的潜能。威廉·詹姆士曾说："我们最大的弱点，也许会给我们提供一种出乎意料的助力。"

弥尔顿如果不是失去视力，可能写不出精彩的诗篇；贝多芬则可能是因为失去听觉，才得以完成更动人的音乐作品；而海伦·凯勒的创作事业也与她失明失聪不无关系……

达尔文曾经说过："如果我不是这么无能，我就不可能完成所有这些工作。"很显然，他坦然接受了自己的缺点。

生活也是如此，每个人都不可能完美无缺，面对这不完美世界中的不完美人生，只有从内心接受自己，喜欢自己，欣赏自己，坦然地展示真实的自己，才能拥有成功的快乐。因为，当我们为梦想和希望而付出努力时，我们就已经拥有了一个完整的自我。而这，就是残缺所赋予我们的价值。勇敢地向生活的不完美微笑吧，你会发现，在一次不经意的抬头时，它已经绽放出了完美的花朵。

克服自卑心态的方法

自卑心态会抹杀掉一个人的自信心，本来有足够的能力去完成学业或工作任务，却因怀疑自己而失败，显得处处不行，处处不如别人。由于自卑心态影响到了我们的生活和工作，所以给我们的心理、生活带来的危害也很大。

怎样克服自卑心态，让我们的生活更加轻松、更加明朗呢？我们接下来就谈一谈克服自卑的方式方法，希望这些方法能够为我们带来一些益处。

第一步：突出自己，挑前面的位子坐。

坐在前面能建立信心。因为敢为人先，敢上人前，敢于将自己置于众目睽睽之下，就必须有足够的勇气和胆量。久之，这种行为就成了习惯，自卑也就在潜移默化中变为自信。另外坐在显眼的位置，就会放大自己在领导及老师视野中的比例，增强反复出现的频率，起到强化自己的作用。把这当作一个规则试试看，从现在开始就尽量往前坐。虽然坐前面会比较显眼，但要记住，有关成功的一切都是显眼的。

第二步：睁大眼睛，正视别人。

眼睛是心灵的窗口，一个人的眼神可以折射出性格，透露出情感，传递出微妙的信息。正视别人等于告诉对方："我是诚实的，光明正大的；我非常尊重你，喜欢你。"因此，正视别人，是积极心态的反映，是自信的象征，更是个人魅力的展示。

第三步：昂首挺胸，快步行走。

倘若仔细观察就会发现，身体的动作是心灵活动的结果。那些遭受打击、被排斥的人，走路都拖拖拉拉，缺乏自信。反过来，通过改变行走的姿势与速度，有助于心境的调整。要表现出超凡的信心，走起路来应比一般人快。步伐轻快敏捷，身姿昂首挺胸，会给人带来明朗的心境，会使自卑逃遁、自信滋生。

第四步：练习当众发言。

面对大庭广众讲话，需要巨大的勇气和胆量，这种办法可以说是克服自卑最为有效的方法。想一想，你的自卑心理是否多次发生在这种情况下？其实当众讲话，谁都会害怕，只是程度不同而已。所以，你不要放过每一次当众发言的机会。

第五步：学会微笑。

真正的笑不但能治愈自己的不良情绪，还能马上化解别人的敌对情绪。如果你真诚地向一个人展颜微笑，他就会对你产生好感，这种好感足以使你充满自信。正如一首诗所说："微笑是疲倦者的休息，沮丧者的白天，悲伤者的阳光，大自然的最佳营养。"

学着一步步走出自卑的牢笼，不要惧怕别人异样的眼光。要想得到他人的重视，你自己先要瞧得起自己，这样别人才不会轻易小看你。当你习惯在人群中大胆地与人交流时，自卑心态自然就会消失，而你的好心态也会逐步建立。

第二节　转化嫉妒：为自己喝彩，为他人鼓掌

嫉妒是痛苦的制造者

在社会中，嫉妒常常是当自己的才能、名誉、地位或境遇被他人超越，或彼此距离缩短时所产生的一种由羞愧、愤怒、怨恨等组成的多种情绪体验，它带有明显的敌意，甚至会产生

攻击、诋毁他人的行为，不但危害他人，给人际关系造成极大的障碍，最终还会摧毁自身，所带来的后果是严重的。它阻断了人与人之间的正常交流，更不用提合作共赢了，连沟通都成问题。

弗朗西斯·培根说过："犹如毁掉麦子一样，嫉妒这恶魔总是在暗地里，悄悄地毁掉人间美好的东西！"

对于嫉妒心，星云大师形象地比喻道："人的嫉妒心像一把双刃的刀，你举起它时，虽满足了伤害别人的目的，但也使得自己鲜血淋漓。"确实，嫉妒是损人不利己的双输行为，它是痛苦的制造者，在各种心理问题中是对人伤害最严重的，可以称得上是心灵上的恶性肿瘤。如果一个人缺乏正确的竞争心理，只关心别人的成绩，同时内心产生严重的怨恨，嫉妒他人，时间一久，心中的压抑聚集，就会形成心理问题，对健康也会造成极大的伤害。因为嫉妒，造成了很多无法挽回的惨剧。

有这样一件真实的故事：

对信阳山3581高级中学三年级（1）班409寝室的女生而言，2003年1月21日那个凌晨，无疑是一场噩梦。一声惨叫打破了黑夜的宁静，女生张静被人泼硫酸毁容。惨案的根源是因为同班的马娟嫉妒同学晶晶比较聪明，学习成绩又比她好。马上又有一轮考试，为了耽搁晶晶的时间，影响她的学习，她选择了泼硫酸的方式，但没想到泼错了人。由于造成张静的严重残疾和晶晶的轻微受伤，法院判处马娟死刑，并剥夺政治权利终身。

可见，嫉妒心如果过重，它比一切毒瘤都可怕，产生的后果也不堪设想。

据研究者说，嫉妒是许多动物的本性，作为高级动物的人类，嫉妒几乎人人都有，只是多与少的不同。这是人性中残存的动物性的一面。当我们还是孩子时，就会对父母表现出的对其他兄弟姐妹的偏心而心生不快，我们会因他们比自己多吃了一口蛋糕或穿了一件新衣服而生气甚至哭闹。虽然嫉妒是人普遍存在的也可以说是人天生的缺点，但我们绝不可因此而忽视它的危害性，特别是当嫉妒已经发展到很严重的地步时，内心产生的怨恨越积越多，时间久了就会形成心理问题，也会对健康造成极大的伤害。

首先，嫉妒会对心理健康造成危害。泛化了的嫉妒是一种病态，表现为人格的偏离。这种病态的人格表现为极度的感觉过敏，思想、行动固执死板，坚持毫无根据的怀疑。对别人特别嫉妒，又非常羡慕；对自己过分关心，又无端夸张自己的重要性；把自己的错误或不慎产生的后果归咎于他人；不停地责备和加罪于他人，却原谅自己；总是过多过高地要求他人，但从来不信任别人的动机和意愿，认为别人心存不良，甚至认为别人对自己耍阴谋。很显然，这种人格是偏离常态的。这种具有病态的嫉妒的人格偏离往往会出现妄想症状，最后发展为偏执型精神病或精神分裂症。

其次，嫉妒会对个人发展造成明显的危害。由于人格偏离，常常不信任别人，好嫉妒，好归罪于他人。这必然会影响个体的人际关系和社会职能。从他人的角度看，如果一个人对他不信任，将失败全归罪于他，对他存有嫉妒心，他怎么能与这个人友好相处及合作呢？从个体自己的角度看，不信任别人、嫉妒他人，则不能与团队愉快合作。所以，面对自己的嫉妒心，我们要将它早早地隔绝在自己的心灵之外，以积极的心态去面对别人的优点。

嫉妒有三个心理活动阶段：嫉羡——嫉优——嫉恨。这三个阶段都有嫉妒的成分，而且是从少到多。嫉羡中羡慕为主，嫉妒为辅；嫉优中嫉妒的成分增多，已经到了怕别人威胁自己的地步了；嫉恨这把嫉妒之火已熊熊燃烧到了难以消除的地步。这把嫉恨之火，没有燃向别人，而是炙烤着自己的心，使自己没有片刻宁静，于是便绞尽脑汁去想方设法诋毁别人，这就使他形神两亏了。嫉妒实质上是用别人的成绩进行自我折磨，别人并不因此有何逊色，自己却因此痛苦不堪，有的甚至采用极端行为走向犯罪深渊。据某公安部门调查，每年因嫉妒造成的犯罪案件占整个刑事案件的 10%。

一些人之所以嫉妒别人，一个重要的原因是自己不求上进，又怕别人超过自己，似乎别人成功了就意味着自己失败，最好大家都成矮子才显出自己高大。于是，"事修而谤兴，德高而毁来；怠者不能修，而忌者畏人修；我学不好，你也别学好，我当穷光蛋，你也得喝凉水"。这是一种十分有害的腐蚀剂，这些人的骨子里充满了"怠"与"忌"，无论对己、对社会、对国家的发展都是十分有害的，正如荀子所说："士有妒友，则贤交不亲；君有妒臣，则贤人不至。"

嫉妒是腐蚀剂，是剧毒品，是痛苦的缔造者。所谓魔道由心而生，天堂和地狱只在一念之间，定期梳理和反省自己的心灵，才能确保不被心魔所控制，避免无穷的祸害，不至于害人害己。

防止嫉妒害人害己

嫉妒，是弱者的名字，是心肠歹毒的兄弟，是暗箭伤人的姐妹，是心灵扭曲发展的温床。嫉妒心往往会蒙蔽我们的双眼，使我们无法肯定自己的尊贵，同样地也丧失了欣赏别人的能力。嫉妒也会使我们失去内在的双腿，在人间路上没有支柱，寸步难行。要明白，嫉妒是一把刀，它在伤害别人的同时，也容易误伤自己，嫉妒是他人的敌人，也是自己的敌人。

有一个人养了一只山羊和一头驴子。因为驴子每天要干很多活，所以每到喂饲料的时候，主人就会给驴子多准备出一些食物来。山羊发现驴子的食物每次都比自己的丰富，便心生嫉妒。为了一解心中的不平，山羊就想能有什么办法既可以让驴子吃到苦头，又可以报复主人的偏心，山羊想了许久，终于想出了一个自以为很好的办法。

一天主人不在家，山羊觉得时机到了，便对驴子说："你看主人待你多么刻薄啊！一会儿要你在磨坊磨麦子，一会儿又叫你运载重物，一刻都不让你闲着。"驴子听了觉得也是，不过他自己也没什么办法，便摇着头连连叹气。山羊看到驴子有些动摇了，又对驴子说："我看你太可怜，好心教你一个办法。这样，你不妨假装突然生病，故意跌到沟里，那么你就有机会可以休息了。"驴子听了山羊的话，载运货物的时候就故意跌到沟里，不想却受了重伤。主人请来兽医为驴子医治。兽医了解了驴子的病情之后，摇头说道："想要治好驴子，必须用山羊的肺敷在驴子的伤处，不然，这驴子就废了。"主人虽然十分不忍心，可一想到还有很多活需要驴子干，权衡之下，为了医好驴子，主人只好杀了山羊。

由此我们可以看出，嫉妒就是一个刽子手，它不仅会伤害他人，到最后自己也会被其害，它所带来的危害甚至是毁灭性的。

嫉妒犹如毒素，其毒让人走火入魔。培根说："嫉妒会使人得到短暂的快感，也能使不幸更辛酸。"哲学家亚里士多德常与学生们一道探讨人生的真谛。有一次，一位学生问："先生，请告诉我，为什么心怀嫉妒的人总是心情沮丧呢？"亚里士多德听完后，沉思了一会儿回答道："因为折磨他的不仅有他自身的挫折，还有别人的成功。"作家艾青也曾说过："嫉妒是心灵上的肿瘤！一切嫉妒的火焰，总是从燃烧自己开始的。"的确，嫉妒别人是对自己的折磨，在打击别人的同时，也焚烧了自己。

据研究者说，许多动物都有嫉妒的本性，例如一个杂技团的驯兽员曾说，一只叫玛吉的小狗看到驯兽员与一只叫奥拉的小狗接触较多时，玛吉竟然嫉妒地把奥拉咬死了。

虽然嫉妒之心是人普遍存在的，但我们不能因为这种普遍性而忽视它的危害，特别是当这种天生的缺点已经发展到很严重的地步时，人们内心所产生的怨恨会越积越多，等到时间久了会形成一种心理问题，这会对健康造成极大的伤害。而且，一个有着强烈嫉妒心的人常常会不信任别人，在嫉妒别人的同时往往喜欢归罪于他人。这种心理必然会影响自己的人际关系和社会职能。所以，面对嫉妒，我们要将它早早地搬出自己的心灵，要从积极的方面面对别人的优点，而不是恶意地去伤害别人，这样的话自己也会得到相应的惩罚。

那么，到底是哪些人容易产生嫉妒心理呢？古人说："无德者必会嫉妒有德之人。"因为人的心灵如若不能从自身的优点中取得养料，那么就必定要找别人的缺点作为养料。而别人的缺点就是自己获得心理安慰的一个平衡点，容易嫉妒的人往往是自己没有优点，又看不到别人的优点，因此他只能用败坏别人幸福的办法来安慰自己，让自己得到短暂的快乐。当一个人自身缺乏某种美德的时候，他就一定会设法贬低别人的这种美德，以求实现两者的心理平衡。

还有那些虚荣心强的人，假如看到别人在某种事业中总是强过自己，他也会因此容易产生嫉妒心。比如：在职场上，部门同事之间当有人被提升的时候，容易引起嫉妒，因为如果别人由于某种优秀表现而得到提升，就等于映衬出了其他人在这方面的无能，从而就会刺伤他们的心，有的时候这类人可以允许陌生人的发迹，却往往不能容忍一个身边的人上升。

所以，做人应控制住自己的嫉妒心理，合理转移嫉妒情绪，学会包容，在对自己宽容的同时学会善待别人，学会与别人一起分享喜悦，这样的话，人与人之间的相处才会越来越和谐，生活才会越来越美满。

不要被嫉妒蒙住了眼睛

如果我们肯摘下挡住眼睛的黑色布条，勇敢地看清自己，欣赏别人，消除嫉妒的心态，那么，我们的人生就会更容易获得成功。

而事实也确实如此。

迈克尔·乔丹是驰名世界的篮球明星，他在篮球场上的高超技艺举世公认，而他待人处世方面的品格更为人称道。皮蓬是公牛队最有希望超越乔丹的新秀，但乔丹没有把队友当作自己最危险的对手而嫉妒，反而处处加以赞扬、鼓励。

为了使芝加哥公牛队连续夺取冠军，乔丹意识到必须推倒"乔丹偶像"，以证明公牛队不等于"乔丹队"，一人绝对胜不了五个人。一次，乔丹问皮蓬："咱俩三分球谁投得好？"

"你！"

"不，是你！"乔丹十分肯定地说道。

乔丹投三分球的成功率是 28.6%，而皮蓬是 26.4%，但乔丹对别人解释说："皮蓬投三分球动作规范。自然，在这方面他很有天赋，以后还会更好，而我投三分球还有许多弱点！"乔丹还告诉皮蓬，自己扣篮时多用右手，或习惯用左手帮一下，而皮蓬双手都行，用左手更好一些，这一细节连皮蓬自己都没有注意到。乔丹把比他小三岁的皮蓬视为亲兄弟，"每回看他打得好，我就特别高兴，反之则很难受"。乔丹的话语中流露出他们之间的情谊。

正是乔丹这种心底无私的慷慨，树立起了全体队员的信心并增强了凝聚力，公牛队取得了一场又一场胜利。1991 年 6 月，美国职业篮球联赛的决战中，皮蓬独得 33 分，超越乔丹 3 分，成为公牛队这个时期的 17 场比赛得分首次超过乔丹的球员。这是皮蓬的胜利，也是乔丹的胜利，更是公牛队的胜利。

嫉妒往往是个人才能与意志缺乏的体现，伏尔泰说："凡缺乏才能和意志的人，最易产生嫉妒。"因为自己技不如人，就只能用嫉妒的心理去排解心中的不平。一旦任由嫉妒心理自由发展，你就会疏远那些各方面比自己强的人，到头来不仅孤立了自己，而且也会阻碍自己的前进。

倘若你已经努力了却仍无法完成你的人生目标，当然也只有放弃这件事，再寻找其他可以让你快乐的事，放弃那些难舍弃的欲望，或许可以让你成长。

无论如何，嫉妒别人不如努力去实现自己生命的价值，毕竟人不能靠嫉妒来推动生命，更不能因嫉妒而停止前行，但嫉妒却可以使我们无法肯定自己的尊贵，同时也丧失了欣赏别人的能力。

有嫉妒心的人如果不猛醒，前途不会美妙。如果想调适自我，把嫉妒变成竞争的动力，首先要把注意力调节到自身的优势和对方的劣势上。当你嫉妒别人时，总是因为他在某些方面的优势深深地刺激了你，而你自己在这方面又恰恰处于劣势。这一差异正是产生嫉妒的刺激源。与此同时，你却忽略了自己在另一方面的优势。如果你能有意识地调节自己的注意中心，便会使原先失衡的心理获得一种新的平衡，这种平衡无疑会稳定你的情绪和情感。

别拿别人的优点折磨自己

每个人都有长处与短处，要想事事超过别人是不可能的，关键是要善于自我评估与分析，发现自己的长处与短处，扬长避短。同时保持一颗平常心、包容心，变嫉妒为虚心地向他人学习，变消极为积极地博采众长，使自己不断发展，走向成功。

有一天，一位女教师来到一位整容医师的诊所。这位女教师非常沮丧地对医师说："学校有很多漂亮的老师，在她们面前我根本抬不起头来。为什么我长得这样平凡呢？医师，你一定要帮我，让我变得和她们一样光彩照人。"这位医生好奇地问道："您对自己的容貌真的感到很不满意吗？"女教师听了，喋喋不休地说了一堆的不满。她对自己的五官都很不满意，认为她的鼻子太长、眼睛不够有神、下巴太软弱、耳朵又像招风耳，这一切都是她所不喜欢的。

医师仔细地望着她，认为她长得并不难看。她的问题就在于她把自己估计得太低。但医师还是动手术稍微改善了她的五官，但只是动了一些小手术，比她所要求的要少了很多。

医师对她说："身为一名整容医师，我只能替你动这些手术了。"她似乎很不高兴，她一面打量着镜中的自己，一面以极度控制的声音说道："你并没有对我的脸孔做太大的改变。"

医师说："你的脸孔只需稍做改变，我都已经做了。现在你的脸孔一点毛病也没有了，唯一的问题是你使用脸孔的方式错了，你把它当作是一个面具，用来遮掩你的真实感觉。"

她很伤心地低下头说："我已尽了最大的能力了。"

"我相信你，"医师说，"其实你也不必和自己过不去，为什么一定要拿别人的优点来折磨自己呢，难道真实的自己不好吗？和自己作对，只会让自己更加痛苦。"

这位女教师听了，开始思考起医师的话来，她觉得很有道理，心想：是啊，我为什么一定要拿别人的优点来折磨我自己呢？我虽然不如她们漂亮，可是学生们却都很喜欢我；我虽然不如她们漂亮，可是也不是很差嘛。

从此，这个老师再也不担心她的脸孔了，她觉得比以前轻松多了。她自认是一名更有人情味的老师了，她每天开心上班，开心下班，她完全舍弃了那个忧虑的自己。

正如故事中医师所说的那样，嫉妒就是拿别人的优点来折磨自己。其实，每个人或多或少地都会存在一些嫉妒心，无法面对那些比我们优秀的人，这一点正是大多数人迈向成功的绊脚石。羡慕和嫉妒只会将自己的注意力集中在别人的优点和自己的缺点上，无法保持一颗平常心，这样就不能在工作中取长补短，更不能提升自我的能力。

有的时候嫉妒者对别人惨败的兴奋往往要胜过对自己成功的喜悦，对别人优胜的愤怒每每强过对自己失败的难过，设计陷害他人的人最终必然掉进自己设计的陷阱里。西方有一句谚语："好嫉妒的人会因为邻居的身体发福而越发憔悴。"所以，好嫉妒的人总是 40 岁的脸上就写满 50 岁的沧桑。嫉妒不仅会影响到我们的工作心情，是我们职业发展过程中最大的心理障碍，更重要的是，嫉妒会影响到我们的健康与生活。

颇具传奇色彩的股票交易商巴鲁克曾经说过："不要祈求别人遭遇灾难。躲避灾难的最好的办法就是不断自我超越。记住，一旦你将目光只放在别人的身上，祈求别人遭遇灾难，也就是承认自己不如别人，害怕别人超越了自己。"一个人要想不被别人超越，就要不断自我超越。别人的优秀并不妨碍自己的前进，相反，有的时候它能给你带来前所未有的动力。事实上，一个真正埋头于自己事业的人，是没有时间和精力去嫉妒其他人的。所以，忘掉嫉妒吧，这能让你的胸襟宽广起来。

欣赏他人，让嫉妒变成动力

"金无足赤，人无完人"，谁都会有自己的缺点。同样的，"尺有所短，寸有所长"，每个人也都有自己的优点。我们只有能够欣赏别人的事业风景，善于发现别人的优点，才能好好地利用这些优点为自己服务。

钢铁大王安德鲁·卡内基曾经亲自预先写好自己的墓志铭："长眠于此地的人懂得在他的事业过程中起用比他自己更优秀的人。"

大部分中国人都有一种特长，就是善于发现别人的优点，并能够吸引一批才识过人的良朋好友来合作，激发共同的力量。这是中国成功者最重要也是最宝贵的经验。

其实，嫉妒是人向往美好的天性使然，看到比自己优秀的人，自然会有羡慕和自怜的情绪。如果控制好这种情绪，就能将它转化为我们奋进的动力。

美国总统亨利·杜鲁门化嫉妒不满为进取的故事就是一个

很好的例子。

查理·罗斯中学时品学兼优，得到全校最年轻、最有威信的教师布朗小姐的极高评价和期望。在毕业典礼上，布朗小姐出人意料地向他表示了个人的祝福——当众亲吻了查理。事后，许多男生表示不满，其中一个男孩由于强烈的嫉妒，还当众指责布朗小姐偏心。查理毕业后由于在报界工作勤奋，成绩显著，被亨利·杜鲁门总统任命为白宫负责出版事物的首席秘书。

而那个曾经因强烈嫉妒而指责布朗小姐的男孩，则把嫉妒变成奋进的力量，最后成为美国总统，他就是——亨利·杜鲁门。

如何战胜嫉妒，学会欣赏他人呢？我们可从两个方面入手。

一方面我们要树立远大的理想和抱负，并坚持不懈地为之努力奋斗，使自己强大起来。不要为眼前的蝇头小利而患得患失，更不必花时间和精力去嫉妒他人的成功。当我们把心思用在不断提升自己，为理想奋斗时，自然无暇嫉妒别人，也不会有时间抱怨所得甚少了。

另一方面我们也要培养豁达的人生态度。尺有所短，寸有所长，别人虽然优秀，自己也非一无是处。再说，当今是合作共赢的社会，朋友优秀了，对自己不也是一件好事吗？虽然一时得不到想要的，但至少可以通过努力一步步地接近目标，即便最终与成功失之交臂，毕竟自己也努力争取过了，无怨无悔。

此外，面对他人的成功，我们还应该做到两点：

1. 学会坦诚面对

培养豁达的人生态度，要有宽广的胸襟，将心比心、设身处地为别人着想。要知道，"人外有人，天外有天"。

2. 化嫉妒为动力

无论在何种环境中，每个人都要在具有竞争的条件下客观地对待自己。不要把比自己优秀的人当成自己的敌人，而要当成自己前进的动力。学会赞美别人，把别人的成就看作是对社会的贡献，而不是对自己权利的剥夺或地位的威胁。将别人的成功当成一道美丽的风景来欣赏，你将会在各方面达到一个更高的境界。

其实，对别人产生了嫉妒并不可怕，但是一定要能够正视嫉妒，以一颗宽容的心来对待别人。容易嫉妒的人不妨借嫉妒心理的强烈意识去奋发努力，让自己升华这种嫉妒之情，学会把嫉妒转化为动力，化消极为积极，这样的话自己也会开心起来。任何人都一样，如果你想成为一个企业的领袖，或者在某项事业上获得巨大的成功，首要的条件是要有一种鉴别人才的眼光，能够识别出他人的优点，并在自己的道路上利用他们的这些优点，这也是嫉妒的正面影响。

学会自医，远离嫉妒的辐射源

嫉妒者记恨别人，竭力贬低、败坏别人，对别人的进步和成就总是不屑一顾，看不到自己和别人之间的差距，不想奋力赶上。这样，自己与被嫉妒者之间，必然拉开更大的距离，到头来自己只能是越来越落后。嫉妒人家，无非是怕人家比自己强。但是，怕也无济于事，嫉妒不能给自己带来什么好处，反而更加显示出自己的落后、狭隘。既然如此，何必嫉妒别人呢？

我们先来看一个故事：

我国医学专家谈家桢，曾在美国从师摩尔根教授，在他学成归国的前夕，摩尔根拍着他的肩膀说道："今天我很开心，我看到一个年轻的中国人超过了我，这让我深感欣慰。我还希望以后会有更多的年轻人超过我，也超过你。"回国后，谈家桢的脑海里总会浮现摩尔根教授对他说那番话时谦逊和真诚的神情，他也始终坚持着这样的信念：培养学生的目标是让他们超越自己。

后来，他有个学生在生物遗传研究方面取得了惊人成果，这位学生的论文发表后，受到遗传学家们的重视和好评。学术界的朋友们和谈家桢开玩笑说："你得加快脚步了，否则你的学生会超过你的。"谈家桢听了十分开心地回答说："这样好。如果学生始终停留在老师的水平上，那就是教育的失败。我的愿望就是要学生超过我，这就是我最大的骄傲。"也就是在这个学生的论文发表不久，摩尔根教授给谈家桢寄来一封祝贺信，信上说："我终于又一次看到一个年轻的中国人超过了我，也超过了你。值得骄傲的是你亲自培养了超过你的学生。"

看别人成不成功或者是比你好不好，重要的是看自己是以怎样的一种心态去面对。如果能从他人的成功中获取到激励自己前进的动力，那就是一份豁达，反之，就是嫉妒。那么，要怎样才能消除嫉妒心理呢？从心理学角度来说，一个人的嫉妒心理并不是天生就有的，而是后天形成的。所以，我们可以通过自身的道德修养、自我控制、自我调节来修正。

1. 将压力变为动力

将不服气变为志气，使自己有一种竞争意识，促使自己努力向上。你比我好，我要比你更好。通过自强不息的努力超过别人，这本身就是一种健康意识。这种意识表现得恰当，就会使自己的想法成为达到目标的动力，使自己的追求具有良知和道义。相反，总是想自己不如别人就只会嫉妒，并造成精神负担，对自己和他人都可能起到不好的作用。

2. 发现自己

要看到自己的长处，发现自己的价值，这是培养自尊心、消除自卑感和嫉妒心理的有效方法。

3. 换个角度看问题

不妨站在对方的立场上考虑问题。人人都希望得到他人的精神支持，所以当你对一个人产生嫉妒的时候，不妨大度地站在对方的立场上诚恳地赞扬他。因为信任和友谊会使你感到充实，你也可以感受到"心底无私天地宽"的心理体验。

4. 培养洒脱的心态

嫉妒常常来自生活中某一方面的"缺乏"。你觉得嫉妒，也许因为别人得到了你想要的工作或等待的机会，因为你害怕一旦失去它们，你的生活将跌至谷底。因为别人得到了你想要的东西，所以你嫉妒。总是有这种"缺乏感"会扰乱你的想法、感觉和生活。它会引起嫉妒这种强烈的负面情绪，让你被嫉妒纠缠，并不断强化和持久化这种情绪。

为了摆脱这种局限和心态，你可以让自己洒脱一点，告诉自己，新的机会随时都会有。洒脱的心态让你获得内在的情绪自由，并让你更放松更积极。当你知道这世上机会有很多时，便没什么好嫉妒的了。所以，每当你发现自己又被嫉妒纠缠上时，记得把焦点从"缺乏"转到"丰富"上，你就能洒脱应对了。

5. 承认嫉妒

停止与嫉妒斗争，承认它，接受它。这也许听起来有点反常，但当你抵制一种情绪时，往往你却给了它更多的能量。相反，若你接受一种情绪，你便能随意地看待它，停止给它提供能量，最终这种情绪将会消失。方法如下：

（1）承认并跟着感觉走。认真体会你脑中的感觉，别去评判它是对是错。如果你随着它走，并认真体会，一两分钟之后，它就消失了。

（2）你是它们的观察者，它们只是你生活的过客。不要把个人同自己的想法与情感等同起来。如果你学着不把思想和情感与自身等同，那么你就不必经常做以上练习。你只需更自发地接受你的想法与感觉，然后等待它们的离去。

（3）想想什么对你有益。问自己什么有益是个好方法，它能告诉你想法与行为间的差距，激励你丢掉一些无用的负担。

掌握这些自医的小方法，你就可以远离嫉妒的辐射源。

第三章

排除负面情绪，释放生命正能量

第一节　控制愤怒：一生气你就输了

爆发的愤怒是地狱之火

愤怒是一座活火山，它爆发的时候，会将一切美好化为灰烬。

生活中，常有这样那样的事令我们心生愤怒，而在我们火冒三丈的时候，伤害的不仅是别人，更是我们自己。世间万物，危害健康最甚者，莫过于怒气，"气"乃一生之主宰，与人体健康关系甚密。若"心不爽，气不顺"，必将破坏机体平衡，导致各部分器官功能紊乱，从而诱发各种疾病和灾难。所以，《黄帝内经》就明确指出："百病生于气矣。"

生气和发怒是身心健康的最大障碍。

控制自己的情绪，并冷静地应对一切，这是控制人性中不良因素的体现。为小事动怒、为小事发狂是我们很多人都会犯的毛病。遇事不能冷静思考，而是一味地发怒，并不能将问题很好地解决。

当你遇到不愉快的事情时，请先冷静下来。你必须承认生活是不公正的，任何人都不是完美的，任何事情都不会完全按照计划进行。

　　人经常不能控制自己的怒气，为了生活中大大小小的事情勃然大怒或者愤愤不平，愤怒由对客观现实某些方面不满而生成，比如遭到失败、遇到不平、个人自由受限制、言论遭人反对、无端受人侮辱、隐私被人揭穿、上当受骗等多种情形下人都会产生愤怒情绪。表面看起来这是由于自己的利益受到侵害或者被人攻击和排斥而激发的自尊行为。其实，用愤怒的情绪困扰灵魂，乃是一种自我伤害。

　　对身体健康的伤害只是其中一个方面，愤怒对于灵魂的摧残尤为严重。由灵魂而生的愤怒情绪，又回过头来伤害灵魂本身，让灵魂变得躁动不安，失去原有的宁静，浪费自己的精力和时间，这是灵魂的一种自戕。

　　古代的皮索恩是一个品德高尚、受人尊敬的军事领袖。一次，一个士兵侦察回来，当皮索恩问到和他一起去的另一个士兵去哪儿了时，这个士兵吱吱呜呜说了半天，也没能说清楚另一个士兵的下落。皮索恩对此感到愤怒极了，当即决定处死这个士兵。

　　就在这个士兵被带到绞刑架前即将动刑时，那个失踪的士兵回来了。这本来是一件令人喜悦的事情，但这位受人尊敬的领袖却不这样认为，他认为这是不能容忍的事情，令他颜面扫地，羞愧让他更加暴怒，最终结果十分让人痛心，他竟处死了3个人。

　　在这位军事领袖的身上，令人遗憾和痛心地表现出了愤怒摧毁理智的现象。而理智正是灵魂的高贵所在，如果人们任由灵魂自我伤害而不进行干预，这种无动于衷该有多么的悲哀。

　　正如思想家蒲柏所说："愤怒是由于别人的过错而惩罚自己。"文学家托尔斯泰也说："愤怒对别人有害，但愤怒时受害最深者乃是本人。"

　　我们愤怒于别人的言行，让愤怒占据了大部分的灵魂空间，灵魂负载着重担，再无法关照自身，更不能得到任何形式的提升，反而在愤怒情绪的支配下更加容易丧失理智，甚至于越来越远离人的高贵，接近于动物的蒙昧和愚蠢。

结果，导致我们愤怒的人与事依然故我，他们继续做着错的事，享受着愉悦的心情；

结果，因为愤怒，我们无法专注于眼前的工作，没能很好地履行自己的职责；

结果，我们只顾着愤怒，而无暇体验生命中原本存在的其他美和善。

折磨我们的是自己的愤怒情绪，而非别人的一些令人愤怒的行为。控制自己的愤怒情绪，从而避免让灵魂受到伤害，是完全在我们的力量范围之内的。

做人做事过于情绪化表明这个人心智还不够成熟。当你怒火中烧的时候，一定要克制自己的情绪。当你被愤怒控制，处于激动之中，会做出许多让你懊悔的事情。所以，为了避免被暴力、乖张、嫉妒、愤怒等不良情绪控制，我们要学会用感恩、知足、惭愧、反省、乐观等观念来控制情绪。

平和心灵助你平息愤怒情绪

生活中，我们通常会遇到一些令我们感到不能容忍的事情，比如遇到恶意的指控，无端的陷害，好心好意被人误解，等等。如果因为这些而大动肝火只会让事情越来越不可收拾。所以，生活中，只有能调控自己脾气的人才是真正的主人。然而，稍一放纵，你的脾气就可能战胜了你成为真正的赢家。

在60年代早期的美国，有一位很有才华、曾经做过大学校长的人，竞选美国中西部某州的议会议员。此人资历很高，又精明能干、博学多识，看起来很有希望赢得选举的胜利。

但是，在选举的中期，有一个很小的谣言散布开来：三四年前，在该州首府举行的一次教育大会中，他跟一位年轻女教师"有那么一点暧昧的行为"。这实在是一个弥天大谎，这位候选人对此感到非常愤怒，并尽力想要为自己辩解。由于按捺不住对这一恶毒谣言的怒火，在以后的每一次集会中，他都要站起来极力澄清事实，证明自己的清白。

其实，大部分的选民根本没有听到过这件事，但是，现在人们却愈来愈相信有那么一回事，真是愈抹愈黑。公众们振振有词地反问："如果你真是无辜的，为什么要百般为自己狡辩呢？"如此火上加油，这位候选人的情绪变得更坏，也更加气急败坏、声嘶力竭地在各种场合下为自己洗刷，谴责谣言的传播。然而，这却更使人们对谣言信以为真。最悲哀的是，连他的太太也开始转而相信谣言，夫妻之间的亲密关系被破坏殆尽。最后他失败了，从此一蹶不振。

曾经在战场所向披靡的拿破仑说过："我就是胜不了我的脾气。"可见，人往往很难战胜自己的脾气，在怒火中烧，一触即发的时刻，是否会想到"脾气来了，福气就没了"的道理。

由此我们看到脾气暴躁的人，容易迁怒周遭所有的人、事、物，这是自古而然的，所以孔子才会称赞颜回："不迁怒，不贰过！"

约翰·米尔顿说过这样一句话："一个人如果能够控制自己的激情、欲望和恐惧，那他就胜过了国王。"是的，如果我们能控制住自己的情绪，事情或许就会有另外一种结果。

莱蒙是一个牛奶供应商。一天，店里的职员因为家里有事，需要请假，莱蒙只得自己负责外送牛奶。

忙碌了一天，莱蒙关上店门刚要离开，突然接到一个电话，是附近公寓的客人打来的，说要一箱巧克力味的牛奶，问还能不能送。莱蒙心想反正也没什么事，就答应了。

这是一栋老式公寓，没有电梯。莱蒙扛着一箱牛奶爬了6层楼，气喘吁吁地按响了客人家的门铃。开门的是一位老妇人。

老妇人看着莱蒙问道："你来这里做什么呢？"莱蒙看了看手表，笑容可掬地回答："送牛奶，你在二十分钟前订了一箱巧克力味的牛奶。""哦，年轻人，你肯定是弄错了，我没有订过牛奶。"老妇人很肯定地回答。

　　莱蒙有些迷糊了，但他确信自己并没有记错，于是向老妇人说了一下具体地址，老妇人肯定了地址是没错，但是就是坚持着自己没要牛奶。莱蒙没有办法，又觉得没有必要和老人家有什么争辩。于是道了歉离开。

　　刚下楼，莱蒙的电话又响了，还是刚才的那个电话，还是要巧克力味的牛奶。这次，莱蒙很仔细地再三确定了客人的地址，他说道："请问您是布里特太太吗？""是的，我是。""那好，我现在马上给您送过去。"莱蒙挂了电话又一层一层地爬到了六楼，此时，他的衣服都已经被汗水湿透了。

　　莱蒙很有礼貌地按响了同一个门铃。老妇人笑着打开了门，说道："年轻人，我就是布里特太太，谢谢你肯再跑一趟。"

　　莱蒙并没有追究那个"再"字，而是很真诚地说道："应该的，是我的原因，如果我再确认一下，可能您就记起来了，不好意思，让您又打了一遍电话，还等了这么久。"

　　布里特太太感动极了，她说："我之前订过其他家的牛奶，他们都是来了一次就不愿再来了，因为楼层太高，实在是不方便。我刚才是为了考验一下你，请不要介意。"

　　莱蒙听了，立刻谅解了老人，他说："请您放心，我一定随叫随到，如果您一时间喝不了这么多，我可以分几次给您送。"

　　就是因为莱蒙的这一句话，整个老年公寓的牛奶都由莱蒙专供了，赢利十分可观。

　　能够控制自我情绪是人与动物的最大区别之一。脾气的好坏，全在自己。只要懂得克制，脾气这匹烈马就会被紧紧牵住，无法脱缰招惹是非。但克制只是治标不治本的方法，真正的良药在于拥有一个平和的心灵，只有平和才是脾气最好的转换器。

学会调节自我情绪，不要等一切都无法挽回的时候，再懊恼自己当时的所作所为。

愤怒，是安宁生活的阴影

有一个重要的谈判正在等着你，可交通比平时还要拥挤，车子几乎走不动，你连等了 6 个红绿灯，终于，你要开过去了，突然一辆卡车闯到你的前面，你狂按喇叭，那个司机回敬你一丝嘲笑，然后加大油门，飞驰而去。

在超市排队结账时，一个女顾客推着装得满满的购物车插队在你前面，你跟她理论。她却对你不理不睬，紧接着，她强壮的男朋友出现了。

你为了一个至关重要的项目辛苦几个月，而你懒散的同事却得到了提升，你的同事不仅没有对你表示感谢，还在背后嘲笑你。

遇到这些情况，相信你一定会大为光火，如果是这样，就说明愤怒的情绪已经影响到了你的生活。

如果我们的心中存在不满，就总想找地方发泄出去，而最为直接的发泄方式就是发脾气。很多人认为，发脾气是最好的发泄方式，因为如果事情一直憋在心里，很容易憋出病来。可是宣泄出去了，心里就得到了放松，情绪上也会趋向平稳了。可是这样的说法是错误的。因为我们每个人都是相互影响的，一个人的怒火在发脾气中得到了释放，那么必定会有其他人受了这种不良情绪的影响，身心都受到了委屈。如果每个人都选择用发脾气的方式来宣泄自己，那么这个世界恐怕再无和平和安宁了。

一公司老板因急于赶时间去公司，结果闯了两个红灯，被警察扣了驾驶执照。他感到十分沮丧和愤怒。他抱怨说："今天真倒霉！"

　　到了办公室，他把秘书叫进来问道："我给你的那五封信打好了没有？"她回答说："没有。我……"

　　老板立刻火冒三丈，指责秘书说："不要找任何借口！我要你赶快打好这些信。如果你办不到，我就交给别人，虽然你在这儿干了3年，但并不表示你将终生受雇！"

　　秘书用力关上老板的门出来，抱怨说："真是糟透了！3年来，我一直尽力做好这份工作，经常加班加点，现在就因为我无法同时做好两件事，就恐吓要辞退我，真是过分！"

　　秘书回家后仍然在发怒。她进了屋，看到8岁的孩子正躺着看电视，短裤上破了一个大洞。愤怒之下，她嚷道："我告诉你多少次了，放学回家不要去乱跑，你就是不听。现在你给我回房间去，晚饭也别吃了。以后3个星期内不准你看电视！"

　　8岁的儿子一边走出客厅一边说："真是莫名其妙！妈妈也不给我机会解释到底发生了什么事，就冲我发火。"就在这时，他的猫走到面前。小孩狠狠地踢了猫一脚，骂道："给我滚出去！你这只该死的臭猫！"

　　从这个故事中我们看出：本来是一个人的愤怒，可是经过了多番的传递，最后竟然将怒气转嫁到了猫的身上。这只猫没有办法像人类一样发泄自己的不满，否则这样的情绪传递估计就没有尽头了。所以，在面对自己的不良情绪时，要尽可能地想办法控制，而不是直接发泄出去。

　　当然，这里说的"控制"，不是说让你有什么事情都不说，有什么委屈都不去反抗，而是将大事化小，小事化无。试想，我们每天都会面对很多人，经历很多事情，如果别人不小心踩了自己一下，就觉得受到了莫大的委屈，之后就要发脾气，那不是太不值得了吗？

　　既然我们每个人都能影响别人和受别人影响，那么我们何不放下心中的怒火，给别人一片安宁呢？这样，我们从别人那里得到的，也将是一片安宁。

冲动，是幸福的刽子手

在种种消极情绪中，冲动无疑是破坏力最强的情绪之一，它是低情商的表现，每个人在生活中都会遇到不合自己心意的事，这时候如果不保持冷静，不克制自己的冲动行为，就会为此付出代价。一个聪明的人，不应让坏情绪控制自己，而是应该自己去控制坏情绪，成为情绪的主宰者。

生活中许多人，往往控制不住自己的情绪，任性妄为，结果引火烧身，给自己和别人带来不必要的麻烦。所以，你要学会控制自己的冲动，学会审时度势，千万不能放纵自己。每个人都有冲动的时候，尽管冲动是一种很难控制的情绪。

培根说："冲动就像地雷，碰到任何东西都一同毁灭。"如果你不注意培养自己冷静平和的性情，一旦碰到不如意的事就暴跳如雷，情绪失控，就会让自己陷入自我戕害的囹圄之中。

南南的爸爸妈妈大吵了一架，起因是妈妈放在自己外套里的 300 元钱不见了，妈妈认定是爸爸拿的，但爸爸却不承认。下班后，爸爸直接去保姆家接南南，保姆一边帮南南穿衣服，一边说："昨天我给南南洗衣服，从她口袋里找出 300 元钱，都被我洗湿了，晾在……"没等保姆把话说完，爸爸立刻就把南南拽了过去，狠狠打了她两个耳光，南南的嘴角立刻流血了。

"你竟敢偷钱！害得我和你妈妈大吵了一架，这样坏的孩子不要算了！"他丢下南南掉头就走了。

南南根本不知道发生了什么事，只觉得脸很痛就哭了起来。保姆对南南妈妈说："你家先生也太急躁了，不等我把话说完就打孩子，这么小的孩子怎么可能偷钱啊！100 元钱对她来说就是张花纸。一定是她拿着玩时顺手放到口袋里的。"南南被妈妈抱回家后，总是不停地哭闹，妈妈只好带她去医院做检查。

检查结果让夫妻俩完全呆住了：孩子的左耳完全失去听力，

右耳只有一点听力，将来得戴助听器生活。由于失去听力，孩子的平衡感会很差，同时她的语言表达也将受到严重影响。

南南的爸爸简直痛不欲生，他一时冲动打出的两个巴掌竟然毁了女儿的一生，他永远也无法原谅自己，并将终生背负着对女儿的亏欠。

愚蠢的行为大多是在手脚转动得比大脑还快的时候产生的。每个父亲都是爱自己的孩子的，南南的爸爸也一定为女儿设想过前途，想过女儿美好的未来，但冲动却使他亲手毁了这一切。

在遇到与自己的主观意向发生冲突的事情时，若能冷静地想一想，不仓促行事，也就不会有冲动，更不会在事后懊悔了。

大多数成功者都是对情绪能够收放自如的人。这时，情绪已经不仅仅是一种感情的表达，更是一种重要的生存智慧。如果不注意控制自己的情绪，随心所欲，就可能带来毁灭性的灾难。情绪控制得好，则可以帮你化险为夷。

所以，作为情绪的主人，我们应该培养自我心理调节能力，这是一种理性的自我完善。这种心理调节能力，在实际行为上显示出强烈的意志力和自制力。它使人以平和的心态来面对人生中的起起落落，保持与他人交往时的淡定从容。

不要被怒火冲昏头脑

每个人都免不了动怒，对别人动怒必然会引起人际关系的矛盾冲突。而能不能消除愤怒情绪与你的情绪控制能力有关。

其实，并非人人都会不时地表露自己的愤怒情绪，愤怒这一习惯行为可能连你自己也不喜欢，更不用说他人感觉如何了。因此，你大可不必对它留恋不舍，它并不能帮助你解决任何问题。任何一个精神愉快、有所作为的人都不会让它跟随自己。

愤怒既是自主行为，又是一种习惯。它是你经历挫折的一种后天性反应。你以自己所不欣赏的方式消极地对待违背你主观意志的现实。事实上，极端愤怒是精神错乱——每当你不能控制自己的行为、失去理智时，你便有些精神错乱了。

愤怒是大脑思考后产生的一种结果，而不是无缘无故的。当你遇到不合意愿的事情时，你通常会认为事情不应该这样或那样，于是你感到沮丧、灰心，然后，你便会做出自己所熟悉的愤怒的反应，因为你认为这样会解决问题。

世界杯足球赛决赛中，法国球星齐达内，在加时赛的最后10分钟用头冲撞对方球员，用一张红牌为自己的足球生涯画上了句号，并导致整个球队把冠军拱手让给意大利。据说当时他是由于受到对手挑衅才情绪失控，一失足成千古恨。

愤怒就像是在喝酒，一旦你喝了第一杯，就会一杯接着一杯地喝下去，越喝越醉，愤怒就像酒瘾一样，让易怒的人控制不得，一旦陷入愤怒的情绪里就无法自拔。

在愤怒的情况下，人很难控制自己的情绪，你制造的漩涡最终会将自己淹没。

愤怒容易让人失去理智，他们把一点小事看得像天一样大，过于认真让他们夸张了自身受到的伤害。他们以为愤怒可以让自己在别人眼中更具有权力，其实不是这样的。他不仅不会被认为拥有权力，反而会被认为缺乏理智，难成大气候。怒气会让你失去别人对你的敬意，他们会认为你缺乏自制力而更加轻视你。

如果你仍然决定保留心中愤怒的火种，你也可以用不损害别人感情的方式来发泄愤怒。但是，请问问自己，是否可以在沮丧时以新的思维支配自己，且以一种更为健康的情感来取代愤怒呢？虽然世界绝不会像你所期望的那样完美，你很可能会继续厌烦、生气或失望，但不管怎样，愤怒是完全可以清除的。

抑制自己的愤怒并不能从根本上解决问题。你的能量会在这个过程中消耗殆尽，你的心理也会严重受挫。要想解决这一问题，最好的办法就是时刻保持冷静和宽容。面对别人的愤怒不要多想，可能他的愤怒并不是针对你，让自己的心情轻松一些。

因此，你应当提高自己控制愤怒情绪的能力，时时提醒自己，有意识地控制自己情绪的波动。千万别动不动就指责别人，喜怒无常。改掉这些坏毛病，努力使自己成为一个容易接受别人和被人接受的性格随和的人。只有这样的人才能成大事。

抑制冲动，学会忍耐

冲动是一种突发的，很难控制的情绪。但尽管如此，你也一定要牢牢控制住它。否则一点细小的疏忽，可能贻害无穷。

有一个富人脾气很暴躁，常常得罪人，而事后又懊恼不已，所以一直想将这暴躁的坏脾气改掉。后来，他决定好好修行，改变自己，于是花了许多钱，盖了一座庙，并且特地找人在庙门口写上"百忍寺"三个大字。

这个人为了显示自己修行的诚心，每天都站在庙门口，一一向前来参拜的香客说明自己改过向善的心意。香客们听了他的说明，都十分钦佩他的用心良苦，也纷纷称赞他改变自己的决心。

这一天，他一如往常站在庙门口，向香客解释他建造百忍寺的意义时，其中一位年纪大的香客因为不认识字，向这个修行者询问牌匾上到底写了些什么。修行者回答香客，牌匾上写的三个字是"百忍寺"。香客没听清楚，于是又问了一次。这次，修行者有些不耐烦地又回答了一遍。等到香客问第三次时，修行者已经按捺不住，很生气地回答："你是聋子啊？跟你说上面写的是'百忍寺'，你难道听不懂吗？"

香客听了，笑着说："你才不过说了三遍就忍受不了了，还建什么'百忍寺'呢？"

修行者无语。

修行者修的是心宁性平和，首要的就是要会忍，如果连忍都做不到，又如何称得上是修行者。因此，只有在生活中懂得控制自己的情绪，懂得平和地对待他人，才能做到百忍而不怒。

人们常说，"冲动是魔鬼"。日常生活中，许多人都会在情绪冲动时做出令自己后悔不已的事情来。因此，学会有效管理和调控自己的情绪，是一个人走向成熟的标志，也是职场上迈向成功的重要基础。

业绩优秀的员工和业绩一般的员工，在"情绪控制能力"方面有明显差异，心理特征对能否胜任某一岗位甚至起决定性作用。近两年，美国心理学界也在进行相关的"情绪管理"研究。研究表明，能够控制情绪是大多数工作的一项基本要求，尤其在管理、服务行业更是如此。同样，在中国这样一个自古讲究"君子之交"的社会中，学会自我调节，是保持良好人际关系，获取成功的一个重要条件。

《黄帝内经》中说，"人有七情六欲，喜伤心，怒伤肝，忧伤肺，思伤脾，恐伤肾。"可见，情绪反应是人们正常行为的一方面，但用情过度却会伤害身体。很少有人生来就能控制情绪，但日常生活中，人们应该学着去适应。

人不可能永远处在好情绪之中，生活中既然有挫折、有烦恼，就会有消极的情绪。一个心理成熟的人，不是没有消极情绪，而是善于调节和控制自己的情绪。

冲动的情绪其实是最无力的情绪，也是最具破坏性的情绪。许多人都会在情绪冲动时做出使自己后悔不已的事情来，因此，应该采取一些积极有效的措施来控制自己冲动的情绪。

1. 首先，调动理智控制自己的情绪，使自己冷静下来。在遇到较强的情绪刺激时应强迫自己冷静下来，迅速分析一下事情的前因后果，再采取表达情绪或消除冲动的"缓兵之计"，尽量不使自己陷入冲动鲁莽、简单轻率的被动局面。比如，当你被别人无聊地讽刺、嘲笑时，如果你顿显暴怒，反唇相讥，则很可能引起双方争执不下，怒火越烧越旺，自然于事无补。但如果此时你能提醒自己冷静一下，采取理智的对策，如用沉默为武器以示抗议，或只用寥寥数语正面表达自己受到的伤害，指责对方无聊，对方反而会感到尴尬。

2. 用暗示、转移注意法。使自己生气的事，一般都是触动了自己的尊严或切身利益，很难一下子冷静下来，所以当你察觉到自己的情绪非常激动，眼看控制不住时，可以及时采取暗示、转移注意力等方法自我放松，鼓励自己克制冲动。言语暗示如"不要做冲动的牺牲品""过一会儿再来应付这件事，没什么大不了的"等，或转而去做一些简单的事情，或去一个安静平和的环境，这些都很有效。人的情绪往往只需要几秒钟、几分钟就可以平息下来。但如果不良情绪不能及时转移，就会更加强烈。比如，忧愁者越是朝忧愁方面想，就越感到自己有许多值得忧虑的理由；发怒者越是想着发怒的事情，就越感到自己发怒完全应该。根据现代生理学的研究，人在遇到不满、恼怒、伤心的事情时，会将不愉快的信息传入大脑，逐渐形成神经系统的暂时性联系，形成一个优势中心，而且越想越巩固，日益加重；如果马上转移，想高兴的事，向大脑传送愉快的信息，争取建立愉快的兴奋中心，就会有效地抵御、避免不良情绪。

3. 在冷静下来后，思考有没有更好的解决方法。在遇到冲突、矛盾和不顺心的事时，不能一味地逃避，还必须学会处理矛盾的方法。

只要你领悟了人类情绪变化的奥秘，对于自己千变万化的个性，你不再听之任之。你已经知道，只有积极主动地控制情绪，才能掌握自己的命运。

你控制自己的情绪，你掌握自己命运，你就能成为世界上最伟大的成功人士！

控制愤怒情绪

常言道："忍一忍，风平浪静；退一步，海阔天空。"不必为一些小事而斤斤计较。人们不提倡无原则的让步，但有些事也没必要"火上浇油"，那只会使事情更糟，只会破坏你跟别人的感情。

有一家电脑公司，赶了一批货交给一家新开发的客户，交货之后，却迟迟不见客户将货款汇来。等了两个星期后，老板亲自到客户的公司拜访。老板在该公司等了很长一段时间之后，得到一张可立即兑现的现金支票。

老板拿着现金支票赶到银行，但是柜台小姐告诉他，这个账户内的存款不足，他的支票根本无法兑现。老板明白是那个客户故意耍诈，想刁难他，原本他想立刻冲回客户的公司和他大吵一架。但是，这个老板一向秉持着"和气生财"的经营原则，所以他压下自己的怒气，向银行的柜台小姐询问这张支票之所以无法兑现，到底差了多少钱。由于老板的态度很诚恳，柜台小姐也很热心地帮他查询。查询的结果是，户头内只剩下98000元，跟他的支票金额只差2000元。

正如老板所料，这个客户是存心和他过不去。老板灵机一动，从身上拿出2000元，请柜台小姐帮他存到客户的账号里，补足支票的面额10万元后，再将支票轧进去。这样，他就顺利地领到货款了。

其实，这位老板完全可以理直气壮、怒气冲冲地跑到客户的公司去抱怨，但是他没有这么做。因为他知道，要是他这么做，不但浪费自己的时间，而且会因此永远失去这个客户。所以，他把时间花在解决问题上，而不用来制造新的问题，用理智而不是情绪去处理问题。

想要很好地控制自己的情绪，可以从以下几个方面入手：

1. 深呼吸

从生理上看，愤怒需要消耗大量的能量，你的头脑此时处于一种极度兴奋的状态，心跳加快，血液流动加速，这一切都要求有大量的氧气补充。深呼吸后，氧气的补充会使你的躯体处于一种平衡的状态，情绪会得到一定程度的抑制。虽然你仍然处于兴奋状态，但你已有了一定的自控能力，数次深呼吸可使你逐渐平静下来。

2. 理智分析

你将要发怒时，心里快速想一下：对方的目的何在？他也许是无意中说错了话，也许是存心想激怒别人。无论哪种情况，你都不能发怒。如果是前者，发怒会使你失去一位好朋友；如果是后者，发怒正是对方所希望的，他就是要故意毁坏你的形象，你偏不能让他得逞！这样稍加分析，你就会很快控制住自己。

3. 寻找共同点

虽然对方在这个问题上与你意见不同，但在别的方面你们是有共同点的。你们可搁置争议，先就共同点进行合作。

4. 回想美好时光

想一想你们过去亲密合作时的愉快时光，也可回忆自己的得意之事，使自己心情放松下来。如果你仅仅因为一个信仰上的差异而想动怒，你不妨把思绪带到一个令人愉快的天地里：美丽的海滩、柔和的阳光、广阔的大海……你会觉得，人生是如此的美好，大自然是如此的包罗万象，人也应该有它那样的博大胸怀，不能执着于蝇头小利……想到这些，你就容易克制自己的怒气了。

在怒火中放纵，无异于燃烧自己有限的生命。人生苦短，值得我们用心去品尝的东西实在太多，耗费时间和精力去生气，可以算是真正的愚行。其实，人生多一点豁达，多一点宽容，多一点感悟，多一点理性，愤怒的情绪便会像一杯清净的水，倒地化为虚无。

第二节　停止抱怨：改变不了世界，就改变自己

消除抱怨，让心情更美好

幸福是一种感觉，虽然有外在的因素，但更多地取决于自己的内心。

一位少妇，回家向母亲倾诉，说婚姻很是糟糕，丈夫既没有很多的钱，也没有好的职业，生活总是周而复始，单调无味。母亲笑着问，你们在一起的时间多吗？女儿说，太多了。母亲说，当年，你父亲上战场，我每日期盼的，是他能早日从战场上凯旋，与他整日厮守，可惜——他在一次战斗中牺牲了，再也没有能够回来，我真羡慕你们能够朝夕相处。母亲沧桑的老泪一滴滴掉下来，渐渐地，女儿仿佛明白了什么。

不要等失去了，才想到他的珍贵，我们总是会犯这样的错误，对自己拥有的不好好珍惜。

一群男青年，在餐桌上谈起自己的老婆，说总是管束得太严，几乎失去了自由，边说边生出大丈夫的凛然正气，狂饮如牛，扬言回家要和老婆怎么怎么斗争。

邻桌的一位老叟默默地听了，起身向他们敬酒，问："你们的夫人都是本分人吗？"男青年们点头。老叟叹了一口气："说，我爱人当年对我也是管得太死，我愤然离婚，以至于她后来抑郁而终，如果有机会，我多希望能当面向她道一次歉，请求她时时刻刻地看管着我，小伙子，好好珍惜缘分呀！"男青年们望着神色黯然的老叟，沉默不语，若有所悟。

一位干部，因为人员分流，从领导岗位上退了下来，一时间萎靡不振，判若两人。妻子劝慰他："仕途难道是人生的最大

追求吗？你至少还有学历还有专业技术呀，你还可以重新开始你的新事业呀，你一直是个善待生活的人，我们并不会因为你做不做领导而对你另眼相待，在我的眼里，你还是我的丈夫，还是孩子的父亲，我告诉你亲爱的，我现在甚至比以前更加爱你。"丈夫望着妻子，久久不语，眼里闪烁着晶莹的光泽。

一位盲人，在剧院欣赏一场音乐会，交响乐时而凝重低缓，时而明快热烈，时而浓云蔽日，时而云开雾散，盲人惊喜地拉着身边的人说："我看见了，看见了山川，看见了花草，看见了光明的世界和七彩的人生……"

一个听力失聪的孩子，在画展上看到一幅幅作品，他仔细地看着，目不转睛，神情专注，忽然转身，微笑着大声地对旁边的父母说："我听到了，听到了小鸟在歌唱，听到了瀑布的轰鸣，还有风儿呼啸的声音……"

一位病人，医生郑重地告诉他，手术成功，化验结果出来了，从他腹腔内摘除的肿瘤只是一般的良性肿瘤，经过一段时间的疗养便可康复出院，并不危及生命。他顿时满面春风，双目有神，紧紧地握着医生的手，激动地说："谢谢，谢谢，是你们给了我第二次生命……"

幸福在哪里？带着这样的问题，芸芸众生，茫茫人海，我们在努力寻找答案。其实，幸福是一个多元化的命题，我们在追求着幸福，幸福也时刻地伴随着我们。只不过，很多时候，我们身处幸福的山中，在远近高低的角度看到的总是别人的幸福风景，总是处于无休止的抱怨中，往往没有悉心感受自己所拥有的幸福天地。

日常生活中，常有父母抱怨孩子们不听话，孩子们抱怨父母不理解她们，男朋友抱怨女朋友不够温柔，女孩子抱怨男孩子不够体贴；工作中，也常出现领导埋怨下级工作不得力，而下级埋怨上级不够理解，不能发挥自己的才能。总之，对生活永远是一种抱怨，而不是一种感激。她们只是在意自己没有得到的好处，却不曾想别人付出了多少。

如果一个人不能经受住世界的考验，感受这个世界的美好，心胸只能容得下私利，那他就得不到幸福。父母的养育，师长的教诲，配偶的关爱，他人的服务，大自然的慷慨赐予……你从出生那天起，便沉浸在恩惠的海洋里。只有你真正明白了这些，你才会感恩大自然的福佑，感恩父母的养育，感恩社会的安定，感恩食之香甜、衣之温暖……就连对自己的敌人，也不忘感恩，因为真正促使自己成功，使自己变得机智勇敢、豁达大度的，不是顺境，而是那些常常置自己于死地的打击、挫折和对立面。

放下抱怨，学会感恩，你就能亲吻幸福！

为小事抱怨，你将一事无成

人常常被困在有名和无名的烦忧之中，为此而抱怨。它一旦出现，人生的欢乐便不翼而飞，生活中仿佛再没有了晴朗的天。真是吃饭不香，喝酒没味，工作没劲，事业无心，就连游戏也失去意思。这一切，只因为我们陷入了细小的烦忧之中。

吉布林娶了一个维尔蒙地方的女孩子凯洛琳·巴里斯特，在维尔蒙的布拉陀布罗造了一间很漂亮的房子，在那里定居下来，准备度过他的余生。他的舅爷比提·巴里斯特成了吉布林最好的朋友，他们两个在一起工作，在一起游戏。

然后，吉布林从巴里斯特手里买了一点地，事先协议好巴里斯特可以每一季在那块地上割草。有一天，巴里斯特发现吉布林在那片草地上开了一个花园，他生起气来，暴跳如雷，吉布林也反唇相讥，弄得维尔蒙绿山上乌烟瘴气。

几天之后，吉布林骑着的他的脚踏车出去玩的时候，他的舅爷突然驾着一辆马车从路的那边转了过来，逼得吉布林跌下了车子。而吉布林——这个曾经写过"众人皆醉，你应独醒"的人——却也昏了头，将这件事告到法院里去，把巴里斯特抓了起来。接下去是一场很热闹的官司，大城市里的记者都挤到了这个小镇上来，新闻传遍了全世界。事情没办法解决，这次争吵使得吉布林和他的妻子永远离开了他们在美国的家，这一切的忧虑和争吵，只不过为了一件很小的事：一车干草。

平锐克里斯在 2400 年前说过："来吧，各位！我们在小事情上耽搁得太久了。"一点也不错，我们确实是这样的。哈瑞·爱默生·傅斯狄克博士曾说过这样一个故事：

"在科罗拉多州长山的山坡上，躺着一棵大树的残躯。自然学家告诉我们，它曾经有四百多年的历史。初发芽的时候，哥伦布刚在美洲登陆。第一批移民到美国来的时候，它才长了一半大。在它漫长的生命里，曾经被闪电击过 14 次。四百年来，无数的狂风暴雨侵袭过它，它都能战胜它们。但是在最后，一小队甲虫攻击这棵树，使它倒在了地上。那些甲虫从根部往里面咬，渐渐伤了树的元气。虽然它们很小，但持续不断地攻击。这样一个"森林巨人"，岁月不曾使它枯萎，闪电不曾将它击倒，狂风暴雨也没有伤着它，却因一小队可以用大拇指跟食指就能捏死的小甲虫们终于倒了下来。"

我们岂不都像森林中的那棵身经百战的大树吗？我们也经历过生命中无数狂风暴雨和闪电的打击，都撑过来了，却会让我们的心被微小的小甲虫咬噬——那些用大拇指跟食指就可以捏死的小甲虫。

几年以前，有人去怀俄明州的提顿国家公园游玩。和他一起去的，是怀俄明州公路局局长查尔斯·西费德，还有其他的朋友。他们本来要一起参观洛克菲勒坐落于那公园的一栋房子的，可是他坐的那部车子转错了一个弯，迷了路。等到达那座房子的时候，已经比其他车子晚了一个小时。西费德先生没有开那座大门的钥匙，所以他们又在那个又热又有好多蚊子的森林里等了一个小时，等这位迷了路的朋友到达。那里的蚊子多得可以让一个圣人都发疯。可是它们没有办法赢过查尔斯·西费德。在等待迷了路的朋友的时候，他拆下一段白杨树枝，做成一根小笛子，当迷路者到达的时候，他不是忙着赶蚊子，而是在吹笛。他要将这段白杨树枝来当作一个纪念品，纪念一个知道如何不理会那些小事的人。

解除忧虑与烦恼，记住规则："不要让自己因为一些应该丢开和忘记的小事烦心。"

没错的，生活中小事不断，如果事事烦心，那么我们将没有快乐可言，更不会有时间和精力去做其他的事情，那么到最后，我们可能就因为那些小事而一事无成。

别为失败找借口

生活、工作和学习中，你是否常常看到这样一些借口？

如果上班迟到了，会有"路上堵车""手表慢了"的借口；考试不及格，又会有"出题太偏""复习不到位""题量太大"的借口；工作完不成，则有"工作太繁重"的借口；只要细心去找，借口总是有的，而且以各种各样的形式存在着。

许多人的失败，也是因为这些借口。当我们碰到困难和问题时，只要去找，也总是能找到的。不可否认，许多借口也是很有道理的，但是恰恰就是因为这些合理的借口，人们心理上的内疚感才会减轻，汲取的教训也就不会那么深刻，争取成功的愿望就会变得不那么强烈，人也就会疏于努力，所以，成功当然与我们擦肩而过了。

仔细想想，很多时候我们的失败不就是与找借口有关吗？不愿意承担责任，处处为自己开脱，或是大肆抱怨、责怪，认为一切都是别人的问题，自己才是受害者……

有一名年轻女子，她常常抱怨自己的母亲是如何影响了她的一生。原来在这个女孩还很小的时候，父亲因病去世，守寡的母亲只得外出工作，以维持生活并教育年幼的女儿。由于这位母亲能干又肯努力，因此后来成为极有成就的女实业家。她细心照护女儿，让女儿受最好的教育，但结果却并不尽如人意。她的女儿把母亲的成功视为自己最大的障碍！

这名可怜的女孩子宣称：自己的童年完全被毁坏了，因为她随时处在一种"与母亲竞争"的生活状态里。她的母亲迷惑不解地说道："我实在不了解这孩子。这么多年来，我一直努力工作，为的就是想给他一个比我更好的机会，创造更好的条件。但实际上，我只是给她增添了一种压力。"

由"不足感"而造成的心理不平衡所引致的抱怨，多数是一个人对所面临的问题欠缺积极应对的心理状态，或愤怒被压抑后的失衡心理状态引发的情绪行为。没有安全感、质疑自己的重要性、不确定自我价值的人，产生抱怨情绪的可能性会相对高一些。他们可能会昭告自己的成就，希望看到听者眼中投射出赞赏的目光；他们也会抱怨自己遭逢的困难，以博取同情或是把它当作借口，以逃避自己向往却没有完成的目标。

这样找借口的人往往把所有问题都归结在别人身上："为什么我没有成功？那是因为工作不好，环境不好，体制不好。""为什么我生活得不好？那是因为家庭不好，朋友不好，同事不好。""为什么我会迟到？那是因为交通拥挤，睡眠不好，闹钟出了问题。"……可以想到，一旦有了"借口"，似乎就可以掩饰所有的过失和错误，就可以逃避一切惩罚。但是，这样不断地找无谓的借口，你永远也不可能改进自己。相反地你不断地找借口，糟糕的结果也就不断地发生，你的生命也就会不断地出现恶性循环。

要知道常常找借口的人是很难获得成功的。你尽可以悲伤、沮丧、失望、满腹牢骚，尽可以每天为自己的失意找到一千一万个借口，但结果是你自己毫无幸福的感受可言。你需要找到方法走向成功，而不要总把失败归于别人或外在的条件。因为成功的人永远在寻找方法，失败的人永远在寻找借口。

"没有任何借口"，让你没有退路，没有选择，让你的心灵时刻承载着巨大的压力去拼搏，去奋斗，置之死地而后生。只有这时，你内在的潜能才会最大限度地发挥出来，成功也会在不远的地方向你招手！

成功的人是不会随便寻找任何借口的，他们会坚毅地完成每一项简单或复杂的任务。一个成功的人就是要确立目标，然后不顾一切地去追求目标，并且充分发挥集体的智慧力量，最终达到目标，取得成功。

别让抱怨成为习惯

琐碎的日常生活中，每天都会有很多事情发生。如果你一直沉溺在已经发生的事情中，不停地抱怨，不断地自责下去，你的心境就会越来越沮丧。只懂得抱怨的人，注定会活在迷离混沌的状态中，看不见前头亮着一片明朗的人生天空。

有时候，人生就是这样的，你坦然面对，却突然发现原来的事情都不算是事儿了。所以要学会控制自己的情绪，跟家人和朋友一起，享受坦然的生活，追寻自然的幸福。

美国小说家邓肯有这样一位朋友：家庭生活条件很好，但是就有一个使人很不舒服的习惯——爱抱怨。

在邓肯的印象里，他这位朋友好像从来就没有顺心的事，什么时候与他在一起，都会听到他在不停地抱怨。高兴的事被他抛在了脑后，不顺心的事他总挂在嘴上。每次见到邓肯就抱怨自己的不如意，结果他把自己搞得很烦躁，同时也把邓肯搞得很不安，邓肯甚至不愿见到他。

你周围有没有这样的朋友？他每天都会有许多不开心的事，

他总在不停地抱怨。其实，他所抱怨的事也并不是什么大不了的事，而是一些日常生活中经常发生的小事情。

我们经常会碰到一些人，罗列一堆困难、一堆问题，列完之后把自己给吓住了，然后再往下，做不成了，开始替自己辩解，结果是开始抱怨，抱怨制度、抱怨资源……任何事都是别人的错，任何不利于自己的东西都是他抱怨的对象。

抱怨在职场跟婚姻当中都是不太好的习惯，任何人也都不愿意成为一个喜欢抱怨的人，这是在他们多次按常态去应对某些问题并且无效后，对解决问题的对象失去信心但又不甘心的状态下所表现出来的情绪行为。

而当这种情绪、抱怨的行为日复一日地被重复，就会形成惯性。一旦惯性形成，他们对问题的看法就会向消极方向想，解决问题的动力就会变异成阻力。

抱怨的人开始时的动机是希望事情被改变，不一定是想去卸掉自己的责任。但当事情被忽略、被冷冻、被打压之后，就会异变成抱怨。从心理学上讲，"抱怨的人不希望事情完全改变，他们只是为了卸掉自己的责任罢了"这样的讲法并不客观，他们只是没能抓住解决问题的关键点以使现状能够得到改善。

抱怨是一种习惯性的情绪行为，不要说抱怨是个性。因为一旦被认同是"个性"，那它就是"我"与生而来的东西，所以"我"是不会去改的。这也是抱怨会这么容易像"病毒"一样流行的原因。

我们与其抱怨生活的不如意，倒不如切切实实地为自己寻找多一些的快乐。其实，快乐是心病的一剂良药，离苦得乐，是人最本质的需要。快乐很简单，它与一个人的财富、地位、名气无关，它不需要大量的金钱去支撑，也不需要以名气为后盾，更不需要乌纱帽来提携。相反，快乐只与一个人的内在有关，物质财富的获得可能让人获得快乐，可是处理不当则会成为人生的负累，生活从此远离快乐，永无宁日。别让生活的不如意吞噬掉原本的快乐，淡然一些，才是好的。

删除抱怨，拥抱快乐

生活中有很多人喜欢抱怨，他们抱怨家人、抱怨朋友、抱怨上司、抱怨同事，仿佛只要与他有接触的事或人他都无一例外地抱怨，他们因为这些抱怨每天都在灰暗的心情下度过。其实这些抱怨不仅带给他们自身伤害，还会伤害他人。在抱怨中，每个人都不再轻松，所以，我们要把不满的情绪、抱怨的语言在心中化解，我们要明白生活不仅有苦难、残缺，还有幸福和美好。

抱怨似乎是一种很普遍的情况，它也很容易传染，而且让别人感染上此病后却浑然不知。人似乎天生就有一种抑强扶弱、劫富济贫的心态，对那些超越我们、管理我们的人天生有一种抵触情绪。很多人会不自觉地认为，富人之所以富有，是源于对穷人的剥削。直到今天，这种财富的原罪始终没有从人们的头脑中消除。

有两个有着特殊背景的人都有着亚洲血统，后来都被来自欧洲的外交官家庭所收养。两个人都上过世界各地有名的学校。但他们两个人之间存在着不小的差别：其中一位是40岁出头的成功商人，他实际上已经可以退休享受人生了；而另一个是学校教师，收入低，并且一直觉得自己很失败。

有一天，他们一起去吃晚饭。晚餐在烛光映照中开始了，他们开始谈论在异国他乡的趣闻轶事。随着话题的一步步展开，那位学校教师开始越来越多地讲述自己的不幸：她是一个如何可怜的亚细亚孤儿，又如何被欧洲来的父母领养到遥远的瑞士，她觉得自己是如何的孤独。

开始的时候，大家都表现出同情。随着她的怨气越来越重，那位商人变得越来越不耐烦，终于忍不住制止了她的叙述："够了！你一直在讲自己有多么不幸。你有没有想过如果你的养父母当初在成百上千个孤儿中挑了别人又会怎样？"学校教师直视着商人说："你不知道，我不开心的根源在于……"然后接着描述她所遭遇的不公正待遇。

最终，商人说："我不敢相信你还在这么想！我记得自己25岁的时候无法忍受周围的世界，我恨周围的每一件事，每一个人，好像所有的人都在和我作对似的。我很伤心无奈，也很沮丧。我那时的想法和你现在的想法一样，我们都有足够的理由抱怨。"他越说越激动，"我劝你不要再这样对待自己了！想一想你有多幸运，你不必像真正的孤儿那样度过悲惨的一生，实际上你接受了非常好的教育。你负有帮助别人脱离贫困漩涡的责任，而不是找一堆自怨自艾的借口把自己围起来。在摆脱了顾影自怜，同时意识到自己究竟有多幸运之后，我才获得了现在的成功！"

如果你还有时间进行抱怨，那么你就有时间把工作做得更好；如果你已觉得抱怨无济于事，你就应该去寻找克服困难、改变环境的办法；如果你认为抱怨是一种坏习惯，你就应该化抱怨为抱负，变怨气为志气。

世界是美丽的，世界也是有缺陷的；人生是美丽的，人生也是有缺陷的；工作是美丽的，工作也是有缺陷的。因为美丽，才值得我们活一回；因为有缺陷，才需要我们弥补，需要我们有所作为。

保持一颗平常心，不被生活中的琐事侵扰。有些朋友的抱怨常常来自生活中的琐碎之事，凡事过于较真儿，斤斤计较，常常搞得自己疲惫不堪。对于这些琐碎之事，我们还是置之不理为佳。一位哲人说得好：如果你被疯狗咬了，难道非要把侵犯你的疯狗也反咬一口吗？所以，遇事要有一种平和的心态，这样才能生活得更加理智，从而减少不必要的抱怨和牢骚。

远离抱怨，路会越走越宽

亨利·福特说：别光会挑毛病，要能寻找改进之道。抱怨只能使自己悲观失望，丝毫无助于问题的解决。人悲伤时想哭，而哭会使你更加悲伤。要想走出这个怪圈，你必须首先止怒，放弃抱怨，用解决问题的态度思考问题。

14 世纪，蒙古皇帝莫卧儿在一次战败后，自己蜷缩在一个废弃的马房的食槽里，垂头丧气。这时，他看到一只蚂蚁扛着一粒玉米，在一堵垂直的墙上艰难地爬行。玉米粒比蚂蚁的身体大许多，蚂蚁爬了 69 次，每次都掉下来。当尝试第 70 次时，蚂蚁终于扛着玉米爬上墙头。莫卧儿大叫一声跳起来！蚂蚁失败了这么多次，都没有抱怨，反而还一次又一次地挑战。那我还有什么理由抱怨上帝不公？莫卧儿终于重整旗鼓，打败了敌人。

有位哲人曾经忠告世人："生命中最重要的一件事情，就是不要拿你的收入来当资本。任何傻子都会这样做。真正重要的是要从你的损失中获利。这就必须有才智才行，也正是这一点决定了傻子和聪明人之间的区别。"

所以，不要抱怨，用实干来证明自己是一个聪明人吧。

100 多年前，美国费城的 6 个高中生向他们仰慕已久的一位博学多才的牧师请求："先生，您肯教我们读书吗？我们想上大学，可是我们没钱。我们中学快毕业了，有一定的学识，您肯教教我们吗？"

这位牧师答应教这 6 个贫家子弟，同时他又暗自思忖："一定还会有许多年轻人没钱上大学，他们想学习但付不起学费。我应该为这样的年轻人办一所大学。"

于是，他开始为筹建大学募捐。当时建一所大学大概要花150 万美元。

　　牧师四处奔走，在各地演讲了 5 年，恳求大家为出身贫穷但有志于学习的年轻人捐钱。出乎他意料的是，5 年的辛苦筹募到的钱还不足 1000 美元。

　　牧师深感悲伤，情绪低落。当他走向教堂准备下礼拜的演说词时，低头沉思的他发现教室周围的草枯黄得东倒西歪。他便问园丁："为什么这里的草长得不如别的教堂周围的草呢？"

　　园丁抬起头来望着牧师回答说："噢，我猜想你眼中觉得这地方的草长得不好，主要是因为你把这些草和别的草相比较的缘故。看来，我们常常是看到别人美丽的草地，希望别人的草地就是我们自己的，却很少去整治自家的草地。"

　　园丁的一席话使牧师恍然大悟。他跑进教堂开始撰写演讲稿，他在演讲稿中指出：我们大家往往是让时间在等待观望中白白流逝，却没有努力工作使事情朝着我们希望的方向发展。

　　抱怨只会让机会白白流失，实干才能成功。下面的故事能够让我们更清楚地了解到，机会来自于实干而不是抱怨。

　　1832 年，有一个年轻人失业了。他却下决心要当政治家，当州议员，糟糕的是，他竞选失败了。在一年里遭受两次打击，这对他来说无疑是痛苦的。他又着手办自己的企业，可一年不到，这家企业就倒闭了。在以后的 17 年里，他不得不为偿还债务而到处奔波、历尽磨难。

　　此间，他再一次决定竞选州议员，这次他终于成功了。他认为自己的生活可能有了转机，可就在离结婚还差几个月的时候，他的未婚妻不幸去世。他心力交瘁，卧床不起，患上了严重的神经衰弱症。

　　1838 年，他觉得身体稍稍好转时，又决定竞选州议会长，可他失败了；1843 年，他又参加竞选美国国会议员，但这次仍然没有成功……

　　试想一下，如果是你处在这种情况下会不会放弃努力呢？他一次次地尝试，一次次地失败。企业倒闭，情人去世，竞选败北，要是你碰到这一切，你会不会放弃你的梦想？他没有放弃，也始终没有说过：要是失败会怎样？1846年，他又一次参加竞选国会议员，终于当选了。

在以后的日子里，他仍在失败中奋起，一次又一次地努力。最后，1860年，他当选为美国总统，他就是亚伯拉罕·林肯。

林肯一直没有放弃自己的追求，一直在做自己生活的主宰，他用实干的精神迎来了成功。他以自己的经历告诉我们：成功不是运气和才能的问题，关键在于适当的准备和不屈不挠的决心。面对困难，不要抱怨，不要逃避，而应该勇敢地去面对，付出更多的努力和汗水来换取甘甜的美酒。

命运厚爱那些不抱怨的人

日常生活中，经常见到一些人对自己身边的任何事情都不满——工作不如意、钱赚得没有别人多、别人比自己幸运等，仿佛抱怨已经成了生活中必不可少的一种行为。但事实上，一旦形成了这种抱怨的思维定势，喜欢抱怨的人对问题的看法就会偏向消极方向，解决问题的动力就会变异成实施解决方法的阻力。

露西小姐是一家报社的记者，十多年过去了，一直没有发展的机会，职位和薪水也不是很理想。有一段时间，她甚至想辞职。但是，又害怕辞职后找不到合适的工作，就得面临失业的问题，犹豫一番后，最终还是安慰自己：算了吧！就这样混下去吧，到了别的公司也一样。

有一天，她和一个朋友去聚会，又在餐桌上抱怨自己的工作环境。这位朋友一脸严肃地说："造成现在这种情况，你思考过原因吗？你尝试过了解你的工作，让自己从内心深处对这份工作真正感兴趣，并喜爱它吗？你是否真正在工作中，把它当成一项伟大的事业而努力过呢？你如果仅仅是因为对现在的工作职位、薪水感到不满而辞去工作，就不会有更好的选择，稍微忍耐一下，转变你的态度，试着从现在的工作中找到价值和乐趣，你会有意外的发现和收获。假如你这样努力尝试过之后，依然没有变化，再辞职也不迟。"

这位朋友的话让露西深有感触，她试着让自己重新开始，以积极的态度处理自己的工作。结果，感觉和效果完全不同，不满的情绪也渐渐消失了，在工作中渐渐有了一种留恋的感觉。因此，她的工作才华得到了极大的展示，她也很快受到上司的提拔和重用。

其实，无休止地埋怨对自身是一种伤害。露西小姐因为抱怨而无法把全部精力投入到工作中，以致10多年过去了，仍然没有什么发展机会。致使她发生这种情况的不是外部环境，而是她没有把自己的心放到一个端正的位置上，当她听取朋友意见，改变态度，积极应对工作后，很快就受到了上司的重用。这说明，职位和薪水的高低不是影响人发展的必然因素，而好的工作态度会影响一个人的职业生涯。

毫无怨言地工作，使人能够激发出内心的力量，这样便会在工作中拥有双倍、甚至更多的智慧和激情，让人积极主动且卓有成效地完成工作。反之，当抱怨成为一种习惯，人会很容易发现生活中负面的东西，加以放大，甚至身边人一个眼神、一句话都可以让他浮想联翩，进而感慨自己生存艰难，倾诉得越发声情并茂，也就越发使情绪"黑云压城城欲摧"，越来越焦虑。

毫无怨言的员工能够全心全意地工作，别人抱怨困难多的时候，他们在解决问题；别人抱怨工作环境差的时候，他们在研究如何提高工作效率；别人抱怨薪水低的时候，他们在加班加点地解决问题。下文中的老王就是这样的人。

老王是个挑料工，他的工作很重要，他工作速度的快慢直接影响工作进程，如果处理不好，就会影响包装质量。虽然厂里对挑料工并没有技术要求，但是他总是严格要求自己，他工作得不仅快而且干净利落，任何问题都逃不过他的眼睛，有时，机器发生故障，剪出的料切头多又不齐，他总是一边沉着冷静地指挥操作台，一边又眼疾手快地挑料，既不影响上道工序的进行，又为下道工序打好了基础。老王对待工作始终是任劳任怨，一个班八小时，他从来不肯休息，组长替他时，他总是三个字"我不累"。

一次，机器检修两小时，班长召集大家临时开会，这时却不见了老王的身影。厂房里空无一人，只听见静静的厂房里冷床处传来"咚、咚"扔东西的声音，大家走近一看，只见老王穿着雨鞋正钻在又热又脏的机床下面收拾切头和废钢，汗水和油污挂满了他的脸，他却根本没有察觉。老王默默无闻、任劳任怨地在平凡的岗位上奉献着。

对于一个优秀的人来说，工作从来是哪里需要到哪里，对又脏又差的环境也毫无怨言，工作需要永远是激励他们出发的号角，他们的工作也往往会受到大家的尊重。

如果你想在工作中做出成绩，如果你想受到上司的提拔重用，如果你想得到大家的尊重，那么，停止抱怨，立即工作，哪里需要哪里去。闷头工作一段时间，你就会感觉，原来，工作是一件如此有意义的事。

人与人之间的差别，在任何地方、任何时间、任何国家、任何社会、任何时代都存在。造成这种差别的原因，并非外在条件的不同，而是自我经营的不同。我们对于任何生活情形、工作，都必须坦然接受，多责怪自己，少埋怨环境，自己对成功的愿望才能得以实现。

第四章

培养黄金心态，修炼
成功素质

第一节　乐观心态：你要去相信，
没有到达不了的明天

乐观能够改变世界

　　生活就像一座围城，我们每个人都住在这座围城里，时日久了，自然就会出现各种各样的问题，我们也会因为这些问题而遭遇种种麻烦，比如：目前从事的工作不是自己喜欢的，周围的同事可能不喜欢你，自己努力做好了每一件事但上司就是没有采取任何的表彰措施，而更为普遍的是对自己目前收入的抱怨……当这些麻烦出现的时候，你就会对你的生活产生失望情绪。类似的人不在少数，即使现在已经拥有一番事业的成功人士也一样，他们也曾经经历过这些问题，他们之所以最后能够取得成功，关键在于他们能及时调整自己的心态，保持乐观。因此，不要陷入不良心态的泥沼中，总是抱怨领导不懂得欣赏自己；同事不友爱、素质低；家人不争气，总拖自己的后腿等。要学会正视现实，乐观面对眼前的困境，时刻告诉自己："既然已经来了，我就笑着迎接！"

　　《动物世界》中讲述过一头骆驼的故事，画面上是一头步履蹒跚的骆驼，艰难地在烈日下行走。

解说词旁白是这样的：这是一头正在生病的骆驼，它要独自步行40多公里，去沙漠深处的水源旁采摘一种植物。据说吃下那种植物，骆驼的病很快就能好转、痊愈。生病的骆驼，居然独自走这么远的路去找药，实在可怜。屏幕上，骆驼默默无语地走着，好像根本就没有想过生病的时候是需要陪护的。它四只脚秩序井然地抬起又沉重地落下，庞大的身躯忍受着阳光的烤灼和病痛的折磨，它却从容地缓缓前行。孤苦吗？很疼吗？想哭吗？那就痛快地大哭一场吧……

解说员沉重而激昂的语气中，充满了对骆驼的担心和敬畏，可是再细瞧画面中骆驼的面庞，却全然没有一丝痛苦或者想要放弃的迹象，除了倦怠，骆驼的脸上一直保持着一种平静而怡然的神态。

画面渐渐丰富起来，单调枯黄的沙漠、沉闷的天空、灼热的太阳随着镜头的推进一一浮现。生病的骆驼终于走完了寂寞的路程，找到了治病的植物，几天之后，生病的骆驼终于康复了，它用力甩开蹄子在大沙漠上快乐地奔跑着，这一刻，它充分享受着自救带来的幸福感觉。

沙漠、病痛，对于人来说，可能是生命的困境，而骆驼，却没有在困境面前绝望、无助甚至放弃，它选择了坦然面对。骆驼的这种乐观顽强的精神，给我们带来了很大的震撼和启发，它用自己的亲身经历告诉我们：世界上没有走不出的绝境，只要我们始终保持一份乐观的心态，世界也会因此而改变。

我们所处的是一个竞争激烈的社会，在这样一个生存环境中，如何保持乐观的心理状态，积极面对困境，而不是逃避问题，怨天尤人，对我们来说，是至关重要的。但是，在现实生活中，能够以乐观的心态和行为面对挫折和挑战，实施起来并不容易。我们可以看到周围有不少人，他们或因工作、事业遭遇挫折而苦恼抱怨，或因家庭、婚姻关系不和睦而心灰意冷，甚至还会有人因遭受严重打击而产生轻生的念头，在这些困难面前，一个人的生命似乎总是那么脆弱和无力负荷。

其实，在我们的一生当中，或多或少都会遇到一些意外和不如意的事情，关键是看我们采取怎样的态度面对。一个人在心理状况最糟糕的状态下，不是走向崩溃就是走向希望和光明。有些人之所以有着不如意的遭遇，很大程度上是由于他们个人的主观意识在起着决定性作用，他们选择了逃避，而事实上逃避根本解绝不了任何问题。如果我们能够善待自己、接纳自己，并不断克服自身的缺陷，克服逃避心理，那么我们就能坦然乐观地面对生活，拥有更为完美的人生。

乐观是操之在我的"心造幸福"

怎样才算是乐观？乐观是无论在什么样的情况下，都可以保持良好的心态，在厄运中依然充满快乐的心境。乐观者通常会用快乐去感染他周围的环境。心理学家对快乐的定义是，一种主观上安乐的状态——平衡而满足的内在感受。当我们拥有快乐的时候，会喜爱自己，热爱生活，能够从每一天当中得到乐趣。想拥有幸福，就要懂得为自己争取，有时候，想象幸福，也会把幸福感充盈在内心的。

有个青年，厌倦了生活的平淡，感到一切只是无聊和痛苦。为寻求刺激，青年参加了挑战极限的活动。活动规则是：一个人待在山洞里，无光无火亦无粮，每天只供应5千克的水，时间为整整5个昼夜。

第一天，青年颇觉刺激。

第二天，饥饿、孤独、恐惧一齐袭来，四周漆黑一片，听不到任何声响。于是他有点向往起平日里的无忧无虑来。

他想起了乡下的老母亲不远千里地赶来，只为送一坛韭菜花酱以及给小孙子的一双虎头鞋。他想起了终日相伴的妻子在寒夜里为自己披好被子。他想起了宝贝儿子为自己端的第一杯水。他甚至想起了与他发生争执的同事曾经给自己买过的一份工作餐……渐渐地，他后悔起平日里对生活的态度来：懒懒散散，敷衍了事，冷漠虚伪，无所作为。

到了第三天，他几乎要饿昏过去。可是一想到人世间的种种美好，便坚持了下来。第四天、第五天，他仍然在饥饿、孤独、极大的恐惧中反思过去，向往未来。

他责骂自己竟然忘记了母亲的生日；他遗憾妻子分娩之时未尽照料义务；他后悔听信流言与好友分道扬镳……他这才觉出需要他努力弥补的事情竟是那么多。可是，连他自己也不知道，他能不能挺过最后一关。此时，泪流满面的他发现：洞门开了。阳光照射进来，白云就在眼前，淡淡的花香，悦耳的鸟鸣——他又迎来了一个美好的人间。

青年扶着石壁蹒跚着走出山洞，脸上浮现出了一丝难得的笑容。五天来，他一直用心在说一句话，那就是：生命是上天赠给我们的美意，活着才是幸福。

我们总是很容易被生活中的琐碎小事所淹没，总会在意那些繁杂的纠葛，苦痛、伤害、低迷等。我们总是埋怨自己的生活不够幸福，却总会忽略一切的一切仅仅是生活中小小的注脚而已，如果我们总是被这些小事所烦忧又怎会有时间体味幸福呢？

有时候我们因为没有明白上天的美意而常常抱怨，以为生活就是一种折磨。可是，当我们放下苦难的包袱，敲开自己的心扉，积极地对待生活中的每一天时，才发现原来生活并非全是苦难，当我们细心品味的时候，就能发现幸福。

许多看似与快乐联系在一起的因素——财富、盛名和好运——其实只是假象。研究人员发现，在富有的美国和欧洲，财富与乐观之间的相互联系微乎其微——事实上几乎没有联系。甚至连那些巨富也比普通人快乐不了多少。

真正的乐观心态，其实与外在无关，它更多地源于内心，源于对自己的肯定。

心境转移，找寻你的快乐

乐观的心态可以成就一个人，悲观的心态可以毁灭一个人。我们不能成为悲观的奴隶，要成为乐观的勇者。在现实生活中，我们经常发现这样的现象，当我们碰到一件事情，如果我们充满乐观与热情，这个事情就会向好的方面发展。而一旦我们觉得悲观失望，尽往坏处想，事情也会越变越糟糕。

如果我们注意的话，一定可以发现在生活里常对你微笑的人很少会是你讨厌的人，而你冷面相对的人可能对你也是心存不良。我们常说"将心比心"用在这儿就特别合适。仔细想想，你的日常生活里是不是常有这样的感受：一大早如果一个可爱的小孩子对你微笑，那这一早晨你的心情也就莫名其妙地好了起来。微笑的力量其实一直以来就存在于我们的生活之中，而且我们也在毫不客气地享受着它带给我们的愉悦，只是我们常粗心地忽略了它的存在，忽略了笑正是表现一个人乐观的最佳方式。

我们的每一天都是崭新的。睁开眼睛，开始新的生活，重新来到这个世界。是开心地过一天，还是悲观地过一天，这是我们自己的权力，可以自己决定。

一个人如果调整好了自己，不但可以轻松地做好自己的事业，而且可以去点燃、感染和激励别人。所以我们要学好的，说好的，做好的，鼓励别人看到事情好的一面，比如说有人丢了东西，你可以说"丢财免灾"；失败了，你可以说"失败了是好事，下次不用犯同样的错，你又多了一个成功的机会。"

我们在传达这样正面想法的时候，一定要对自己有信心，不要说我这个不行那个不好，我没有这个能力之类的话，因为，这本身就是一种悲观心态。其实，我们每一个人天生就是推销员，倾尽一生都在推销自己。积极与乐观，悲观与绝望，都可能会成为我们手里的产品，我们选择怎样去推销这些产品，就等于是在为自己选择一个什么样的人生态度。如果你是积极乐观的，那么你销售的产品就是快乐，这份快乐不仅是属于你的，还可以感染、惠及更多的人。在这个世界上，有许多事情是我们所难以预料的。我们不能控制际遇，却可以掌握自己；我们无法预知未来，却可以把握现在；我们不知道自己的生命到底有多长，但我们可以调整自己的心情。只要活着，就有希望，只要每天给自己一个希望，我们的人生就一定不会失色。

有位医生素以医术高明享誉医务界，事业蒸蒸日上。但不幸的是，就在某一天，他被诊断患有癌症。这对他真是当头一棒，他无法接受这个现实。明明自己是一个医术高明的医生，却对自己无能为力。为此，他曾一度情绪低落，痛苦得几乎无力自拔。

最终他不但接受了这个事实，而且他的心态也为之改变。他认为快乐是自己给的，一颗不快乐的心是不会看到任何希望的。如果自己都不想为自己争取，那么，一切都不会有转机的。

想开了的他开始从改变自己的心境开始，他变得更开朗，变得更宽容，更谦和，更懂得珍惜所拥有的一切。在勤奋工作之余，他从没有放弃与病魔搏斗。就这样，他平安度过了好几个年头，有人惊讶于他的事迹，就问他是什么神奇的力量在支撑着他。这位医生笑盈盈地答道："是希望，每一天睁开眼睛之后，我都给自己一个希望，希望能多治愈一个病人，希望我的笑容能温暖每个人，我让自己的心情从自身的病症上转移开，不去看那些让人不愉悦的事情，就这样，我在一天天变好。"

让自己的心境转移，可以看到更多的希望。

每天给自己一个希望，就是给自己一个目标，给自己一点信心。希望是什么？是引爆生命潜能的导火索，是激发生命激情的催化剂。每天给自己一个希望，我们将活得生机勃勃，激昂澎湃，哪里还有时间去叹息，去悲哀，将生命浪费在一些无聊的小事上？生命是有限的，但希望是无限的，只要我们不忘每天给自己一个希望，我们就一定能够拥有一个丰富多彩的人生。

乐观心态，引导好人生

学着做一个乐观的人，任何时候都不要对生活失望。要明白乐观之于我们的重要性，它可以让我们时刻感受到生命的美好，并且对未来充满希冀。

乐观的人遇到挫折，总会把它变为一种转折。而乐观并不等于不切实际的幻想，也不意味着否认问题的存在，或逃避直面痛苦的责任。它是一种思维方式，也是一种面对挑战的态度。乐观可以使我们看到：未来是有希望的，也是可以去争取的，它促使我们说"我能"，而不是"我不能"。它让我们看到一只半满的杯子，而不是半空的杯子。

一位著名的政治家曾经说过："要想征服世界，首先要征服自己的悲观。"在人生中，悲观的情绪笼罩着生命中的各个阶段，青春时期更是不可避免。战胜悲观的情绪，用开朗、乐观的情绪支配自己的生命就会发现生活有趣得多。悲观是一个幽灵，能征服自己的悲观情绪便能征服世界上的一切困难之事。人生中悲观的情绪不可能没有，重要的是我们要有击败它，征服它的决心。

战争时期，一位女士在庆祝盟军在北非获胜的那一天收到了国际部的一份电报。电报上说她最爱的小儿子死在战场上了。她无法接受这个事实，她决定放弃工作，远离家乡，把自己永远藏在孤独和眼泪之中。

正当她清理东西，准备辞职的时候忽然发现了一封早年的信，那是她的儿子在她母亲去世时写给她的。信上这样写道：

亲爱的妈妈，我知道你会撑过去。我永远不会忘记你曾教导我时说过的话：不论在哪里，都要勇敢地面对生活。妈妈，我永远记着你的微笑，像男子汉那样，能够承受一切的微笑。

她把这封信读了一遍又一遍，似乎儿子就在她身边，仿佛有一双炽热的眼睛望着她：你为什么不照你教导我的去做。

这位女士看完这封信之后，打消了辞职的念头，她一再对自己说：我应该把悲痛藏在微笑下面，继续生活，我没有能力改变现实，但我有能力继续生活下去。

人生在世不如意事十常八九。倘若把不如意的事情看成是自己构想的一篇小说，或是一场戏剧，自己就是那部作品中的一个主角，心情就会变好许多。一味地沉入不如意的忧愁中，只能使不如意变得更不如意。既然悲观于事无补，那我们何不用乐观的态度来对待人生，守住乐观的心境呢？

用乐观的态度对待人生，可看到"青草池塘处处蛙""百鸟枝头唱春山"，用悲观的态度对待人生，举目只是"黄梅时节家家雨"，低眉即听"风过芭蕉雨滴残"。譬如打开窗户看夜空，有的人看到的是星光璀璨，夜空明媚；有的人看到的是黑暗一片。一个心态正常的人可在茫茫的夜空中读出星光的灿烂，增强自己对生活的自信，一个心态不正常的人让黑暗埋葬了自己且越葬越深。

用乐观的态度对待人生就要微笑着对待生活，微笑是击败悲观的最有力武器。无论生命走到哪个地步，都不要忘记用自己的微笑看待一切。微笑着，生命才能征服纷至沓来的厄运；微笑着，生命才能将不利于自己的局面一点点打开。

守住乐观的心境实在不易，悲观在寻常的日子里随处可以找到，而乐观则需要努力，需要智慧，才能使自己保持一种人生处处充满生机的心境。悲观使人生的路愈走愈窄，乐观使人生的路愈走愈宽，选择乐观的态度对待人生是一种机智。

乐观，让你成为你想成为的人

你对你的人生有怎样的规划，你渴望自己成为怎样的人？

很多人在初入社会时都是信心满满，意气风发，可一旦遇到重大的打击或者遭遇惨痛失败的时候，有多少人能做到迎难而上，接受命运的挑战？生活总是充满苦难和磨炼的，而充实的生命，幸福的人生，需要能够忍受寂寞，忍受他人的恶意羞辱，忍受生活的磨炼，在忍耐中坚强，在坚强中成长。

要知道，这世界上，没有随随便便的成功，只有不畏艰难，勇于向命运宣战的人才能够品尝到成功的果实。

美国前总统克林顿所取得的成就是有目共睹的，但是，这样成功的一个大人物，他的童年却是很不幸的。

在他还没有出生的时候，父亲在一场车祸中丧生。他母亲因无力养家，只好把出生不久的他托付给自己的父母抚养。童年时期，克林顿受到外公和舅舅的深刻影响。他自己曾说，他从外公那里学会了忍耐和平等待人，从舅舅那里学到了说到做到的男子汉气概。

在克林顿七岁的时候，他离开了外公家，跟随母亲和继父迁往温泉城。生活似乎不打算厚爱这个可怜的孩子，重新建立的家庭并不幸福，母亲和继父常常因为意见不合而发生激烈冲突。继父嗜酒成性，酒后经常虐待克林顿的母亲，有时还会对克林顿拳脚相加。这给从小就寄养在亲戚家的克林顿的心灵蒙上了一层阴影。

坎坷的童年生活，使克林顿形成了不向命运低头的乐观性格。

他在中学时代非常活跃，一直积极参与班级和学生会活动，并且有较强的组织和社会活动能力。他是学校合唱队的主要成员，而且被乐队指挥定为首席吹奏手。

1963年夏，他在"中学模拟政府"的竞选中被选为参议员，应邀参观了首都华盛顿，这使他有机会看到了"真正的政治"。参观白宫时，他受到了肯尼迪总统的接见，不但同总统握了手，而且还和总统合影留念。

此次华盛顿之行是克林顿人生的转折点，使他的理想由当牧师、音乐家、记者或教师转向了从政，梦想成为肯尼迪第二。

有了目标和坚强的意志，克林顿此后30年的全部努力，都紧紧围绕这个目标。上大学时，他先读外交，后读法律——这些都是政治家必须具备的知识修养。离开学校后，他一步一个脚印：律师、议员、州长，最后达到了政治家的巅峰——总统。

人都希望在一个平和顺利的环境中成长，但命运并不喜爱安逸的人们，他要挑选出最杰出的人物，让这部分人历经磨难，千锤百炼终成金。一位大学者说过："苦难是一所学校，真理在里面总是变得强有力。"每一个渴望成功的人都需要到其中接受教育。

历经风雨的洗礼，忍耐苦难的磨炼，生命才能常驻常新。

同样的事情不同的态度就会产生不同的结果，乐观的心态带来生命的重生，悲观的心态导致生命的终结。为什么我们不能给自己的思维转个身呢？任何事物都有一体两面，塞翁失马，焉知非福？苦难照旧可以为成功助推。

改变你的消极心态，建立一种乐观向上的积极心态，你就可以使你的一生发生改观。具有乐观精神的人，在为人处世方面更容易获得成功。一个人只有保持乐观的心态，在生活中，才能摆正目光的焦点，才会有完整的自我、积极的创造，才会有和谐的人际关系。

跌倒了站起来，一直向前看

一个乐观的人，在任何环境中都可以找到生活的勇气、希望和阳光。只要有一颗乐观的心，只要保持着乐观的心态，无论生活的现实如何残酷，都不能把你击垮，反而会让你更加坚强。用这样一颗心去努力生活，生活的阴霾很快便会过去，迎来灿烂而温暖的阳光。

在加拿大温哥华曾经有这样一个女人，她已经34岁了，过着平静、舒适的家庭生活。但是，灾难如同暴风雨一般不期而至，不断打击着女人脆弱的神经。丈夫在一次事故中丧生，留下两个小孩。没过多久，女儿被烤土司的油脂烫伤了脸，医生告诉她孩子脸上的伤疤恐怕无法完全去除，母亲为此伤透了心。为了支撑这个被灾难打击得支离破碎的家庭，她在一家小商店找了份工作，可没过多久，这家商店就关门倒闭了。丈夫给她留下一份小额保险，但是她耽误了最后一次保费的续交期，因此保险公司拒绝支付保费。

接踵而来的不幸，让女人近于绝望。她左思右想，为了自救，她决定再做一次努力，尽力拿到保险补偿。在此之前，她一直与保险公司的下级员工打交道。她想与经理当面进行交涉，但一位接待员告诉她经理出去了。她站在办公室门口无所适从，就在这时，接待员离开了办公桌。机遇来了。她毫不犹豫地走进里面的办公室，结果，看见经理独自一人在那里。经理很有礼貌地问候了她，她受到了鼓励，沉着镇静地讲述了索赔时碰到的难题。经理派人取来她的档案，经过再三思索，决定应当以德为先，给予赔偿，虽然从法律上讲公司没有承担赔偿的义务。工作人员按照经理的决定为她办了赔偿手续。

就如灾难突然来临一样，好运也突如其来地降临，而且似乎并不止一个。经理尚未结婚，对这位年轻女人一见倾心。他给她打了电话，几星期后，他为女人推荐了一位医生，医生为她的女儿治好了病，脸上的伤疤被清除干净；经理通过在一家大百货公司工作的朋友给女人安排了一份工作，这比以前那份工作好多了。女人也迎来了她生命的第二春，面对经理的殷殷情意，女人感动万分，并与之渐渐情投意合。几个月后，他们结为夫妻，而且婚姻生活相当美满。

只要你坚信黑夜的尽头有光明，你就一定可以看到生命的曙光。故事中的年轻女人没有被灾难击垮。跌倒后，她选择一次又一次地站起来，勇敢地面对生活，面对困苦，终于，她的坚持为她赢得了一份属于自己的幸福。

其实，每个人的一生似乎都在不断爬坡，一路跌跌撞撞地爬行着，总以为前面不远处就是幸福，当你爬到一个高点后，以为那就是幸福；可在命运的牵引下，你又向另一个高坡爬去，于是，总也无法把幸福握在手中，这就是人生。在人生的道路上，我们艰辛地行走，那沿途的酸甜苦辣，亲人的生离死别，都会刻进你有限的生命里。这世上不是缺少幸福，而是缺少感受幸福的心灵，当你学会用心去感受别人对你的爱，再用爱心去回馈社会时，在付出与收获的重叠中品尝到的那滋味就是幸福。

因此，对于灾难，如果我们抱着平和之心，平常看待，总会出现转机。因为，我们要知道，一切事情都可以从头再来，只要我们还存在，所有的失败都只是暂时的，只要我们对自己有信心，敢于从跌倒的地方站起来，继续前行，就一定可以收获成功的鲜花和掌声。

乐观，让你化险为夷

一瓶剩有一半水的杯子放在你面前，你会怎么说呢？悲观者会说只有一半了，而乐观者会说还有一半。一个字的差别，表现出的却是不同的人生态度。"只"字让你留下的是绝望，其实事情本没那么糟，但是因为自己的悲观，让事情变得糟糕透了。而"还"字看出的是乐观者怀揣着无尽的希望，哪怕事情糟糕透了，乐观者也能够绝处逢生，造就成功。

丈夫去上班，玛丽独自一个人在家。这时有人按门铃，玛丽习惯性地打开门，就在这一刻，她愣住了，因为她发现此人手里拿着把刀，一看就是试图抢劫或者另有图谋的人。可是，门已经打开了，关门已经来不及了。

这时，玛丽并没有选择大呼小叫，也没有跟歹徒硬拼，她冷静下来，她告诉自己要把这个歹徒当做一个友好的人，就像是一个走错门的邻居，或者是推销人员。想到这里，玛丽突然就灵机一动，然后，她温和地说道："您一定是累了，请进来喝杯咖啡休息休息吧，我知道上门推销道具很一件很难的事情。"

歹徒怎么也没有想到，这位美丽的女士竟然对自己这样友好，这样热情。他在玛丽的邀请下，喝了一杯咖啡，作为回报，他把那把刀送给了玛丽。

或许没有人会相信，玛丽的热心肠，朴实的话语，和迷人的微笑感动了歹徒，并从此改变了歹徒的一生。但事实确实如此。

事情看起来似乎很简单，但如果玛丽在关键时刻没有那份乐观的心态，如果她把一切都想得太糟，本能地选择呼救，后果将是不堪设想。可以说，是玛丽乐观的心态拯救了自己的生命，不仅如此，受到玛丽乐观心态的影响，那名走入邪道的歹徒也放弃了邪恶的行为，找到了真正的自己，他开始相信人生是美好的。

人生有时候就是如此的奇妙，悲观和乐观只是一字之差，一念之差，却是遥如天堂和地狱的距离。

李白长叹：长风破浪会有时，直挂云帆济沧海；陆游乐道：山重水复疑无路，柳暗花明又一村……名人们用乐观的心态看未来，从不担心前方的路有多难，他们坚信成功属于自己。

有时，天晴着，心却在下着雨；又有时，天下着雨，心却是晴着。心晴的时候，雨也是晴，心雨的时候，晴也是雨。这说明人不应以物喜不应以己悲。乐观的心态才是最重要的。

为什么说乐观的心态很重要，因为它让你在遇到挫折，面临困境时学会镇静，学会怎样继续前行。其实挫折，困境并不可怕，关键在于你选择怎样的方式去面对。

每天日月照样运行，白云照样浮游，野花照样开放。忧郁的心情让你一败涂地，而乐观的心情却让你一步一步迈向成功。

用乐观的心态去奏响生命的篇章，不要抱怨上帝给予太多磨难。想想狂风暴雨之后才有彩虹；想想蚕要经历怎样的痛苦才能破茧成蝶。不要让悲观的性格缺陷阻碍你前进的脚步，我们需要记住，梦想的大门是不会向悲观绝望的人敞开的，只要我们肯积极面对，从悲观的阴影中走出来，我们就一定可以寻找到实现梦想的有效方法。乐观地去面对吧，你会发现成功就在不远处。

第二节　从容心态：心淡定，自从容

从容是一种内在的修行

以平常心看透宇宙一切事情，确确实实地把握住目前的一切，实实在在、平平淡淡地过有意义的生活，是一种轻松享受慢生活的意境。

三伏天，某禅院的草地枯黄了一大片，"快撒些草子吧，"徒弟说，"别等天凉了。"师傅挥挥手说："随时。"

中秋，师傅买了一大包草子，叫徒弟去播种，秋风疾起，草子飘舞。"草子被吹散了。"小和尚喊。

"随性。"师傅说道，"吹去者多半中空，落下来也不会发芽。"

撒完草子，几只小鸟即来啄食，小和尚又急了。师傅翻着经书说："随遇。"

半夜下了一场大雨，弟子冲进禅房："这下完了，草子被冲走了。"

师傅正在打坐，眼皮都没抬，说："随缘。"

半个多月过去了，光秃秃的禅院长出青苗，一些未播种的院角也泛出绿意，徒弟高兴得直拍手。师傅站在禅房前，点点头："随喜。"

从小和尚和师傅对外界变化的不同反应我们可以看出，徒弟的心态是浮躁的，而师傅的心态是从容的。

故事中师傅的从容，也就是理性与平常心，尤其值得患得患失、在狂喜与颓废之间震荡的人们思量。从预备撒草种到长出绿苗，徒弟的情绪大起大落，而师傅始终平和地面对。这种心态差别，源于两个人的阅历与素质。

生命是一种缘，是一种必然与偶然互为表里的机缘。有时候命运喜欢与人作对，你越是挖空心思去追逐一种东西，它越是想方设法不让你如愿。这时候，痴愚的人往往不能自拔，好像脑子里缠了一团毛线，越想越乱，陷在自己挖的陷阱里；而明智的人明白知足常乐的道理，他们会顺其自然，而不强求不属于自己的东西。

迪斯尼乐园刚建成时，迪斯尼先生为园中道路的布局大伤脑筋，所有征集来的设计方案都不尽如人意。迪斯尼先生无计可施，一气之下，命人把空地都植上草坪就开始营业了。

几个星期过后，当迪斯尼先生出国考察回来时，看到园中几条蜿蜒曲折的小径和所有游乐景点有机地结合在一起时，不觉大喜过望。他忙喊来负责此项工作的杰克，询问这个设计方案是出自哪位建筑大师的手笔。杰克听后哈哈笑道："哪来的大师呀，这些小径都是被游人踩出来的！"

任何一个在事业上成功的人，遇事都能保持轻松从容的心情。成功的人在碰到逆境的时候，也能保持沉着、冷静的心态，并随时准备着捕捉和发掘新机会，以及了解和对付新的问题。

成功者的那种心境轻松的情形，就像一个优秀的橄榄球运动员一样。当球员传球的时候，假如球意外地落到他的手中，他并不犹豫或惊慌。而成功者也是一样，面对突发的新情况，并不会手忙脚乱，他总能灵敏地作出反应，他会紧抱着球跑过去，或者警觉而放松地转个方向，以免对手扑过来。

生命中的许多东西是不可以强求的，那些刻意强求的东西或许我们终生都得不到，而我们不曾期待的灿烂会在我们的淡泊从容中不期而至。不管在何种场合，如果能够保持从容不迫、顺应自然的态度，那么，任何事情都能应付自如。

因此，面对生活中的顺境与逆境，我们应当保持"随时""随性""随遇""随缘""随喜"的心境，顺其自然，以一种从容淡定的心态面对人生，这样我们就会有意想不到的收获。

从容处世，心怀高远

能镇定且平静地注视一个人的眼睛，甚至在极端恼怒的情况下也不会有一丁点儿的脾气，这会让人产生一种其他东西所无法给予的力量。人们会感觉到，你总是自己的主人，你随时随地都能控制自己的思想和行动，这会给你品格的全面塑造带来一种尊严感和力量感，这种东西有助于品格的全面完善，而这是其他任何事物所做不到的。

一个人所处的环境无论是多么不和谐，或者一个人的生活条件是多么艰难，这都无关紧要。在每个人的体内都有着巨大的潜能，这使他能在每一次暴风雨和外在不利环境的重压下保持真诚和从容，他是自己的主人。他这样指导自己的思想，甚至达到了"不以物喜、不以己悲"的境界，这样，任何事物都无法破坏他对天赐的巨大潜能的开发和利用。

一个眼界宽广的人一定是善于安排自己的计划、善于处理自己眼前得失和长远利益的人；一个眼界宽广的人一定是能够容忍一时的挫折和失意，并处之以淡然的人；一个眼界宽广的人，是一定会拿得起、放得下，知道什么重要、什么不重要，懂得去做出正确取舍的人。

成功的人之所以会成功，因为他们和普通人往往会有所不同，这个不同很重要的一点就是他们心态比常人要从容，要淡然，他们的眼光一般都比普通人要宽广，要长远。

为什么有的人能轻轻松松就获得了成功，而有的人使出全身解数却仍旧不能如愿以偿呢？为什么有的人始终只能做一个很普通的人，而有的人却能够脱颖而出成为令人垂青的佼佼者呢？在这里面，眼界本身就是一项很重要的素质。从容面对世事变化，不被外界因素所影响，戒躁戒贪，人才能够立于不败之地。

当今飞速发展的现代社会，为人类提供了前所未有的物质的丰裕和生活的多样化，这已是无可辩驳的事实。然而，即使在刚刚开始步入现代化的中国，也有越来越多的人在享受比过去丰富的物质的同时，却感到平和、安宁和从容正越来越稀缺。本来，现代社会提供给人们最激动人心的许诺是：每一个人都可以有无限多样的充裕的选择。人们似乎应该利用各种机会和手段去选择，去过一种更适然、更惬意的生活。

然而，事实却恰恰相反，人们最终的选择结果，往往令自己更加忙乱不堪，得不到心灵的安宁。

曾有人这样说过："无论对任何人而言，忙乱不堪，没有定性，就意味着心理的某种失衡、虚弱和脆弱，这意味着无论他走到哪里，整个世界都是一团喧嚣。"一个人不具有心理弹性，内心不能在保持均衡的情况下活动，内心失衡，就意味着破坏性的东西，意味着混乱的状态，意味着整个生活中充满喧嚣和不安的气氛。

真正强大的人是不会为忙乱的琐事所困扰的。这样的人去任何地方，都不会遇到很大的烦恼，无论他错过了火车还是火车迟了，无论天下雨还是下雪了，无论他"不喜欢它"还是他的旅程因为某个预想不到的问题而被耽搁，这些琐事都不会影响到他。他会一声不响地调整自己的状态，或者对不利的处境提出解决问题的办法，或者干脆不理它，转而去做别的重要事情。

他们内心和谐、安宁、乐观和从容，他们身负很多事情，但他们能分清主次，有条不紊、从容自若地来应付。"天塌下来，还有高个子顶着。"他们什么都不怕，什么都不惧；他们优哉游哉、从从容容、游刃有余地应对一切。

和谐、安定、从容不迫是一种滋补剂，能全面提升我们的精神品位，也能滋养我们的身体。这种从容从内心而始，有效控制自己，是我们每个人都能做到的。

"就好像一片没有用的沼泽地"，一位作家说，"可以变成一块种满了黄金谷物的田地或一片富饶的果园，只要把池里的水抽掉，并且把那些水流引导到一条建造好的水渠中就可以了。而一个人也同样，他可以通过征服并引导这些思想水流，在自身体内获得平静。于是，他拯救了自己的灵魂，使自己的心灵和生命开花结果。"

淡定从容，笑看人生

有一个美国旅行者在苏格兰北部过节。

这个人向一位坐在墙边的老人问道："明天天气怎么样？"

老人看也没看天空就回答说："是我喜欢的天气。"

旅行者又问："会出太阳吗？"

"我不知道。"他回答道。

"那么，会下雨吗？"

"我不想知道。"

一番问答之后，旅行者已经完全被搞糊涂了。"好吧，"旅行者最后无奈地问道，"如果是你喜欢的那种天气的话，那会是什么天气呢？"

老人看着旅行者，平静地说道："很久以前我就知道我没法控制天气了，所以不管天气怎样，我都会喜欢。年轻人，我想以后你也会慢慢喜欢的，无论是什么天气，你都会的。"

旅行者看着老人从容淡定的神情，品味着老人所说的话，他觉得自己明白了。

如果我们都像这位老人一样淡定从容，那么我们的人生将会减少多少不必要的烦恼！

人人都会有烦恼的事情，但是，如果总是为一些无端的事情或自己无法操控的事情而烦恼，就是一种病态心理。烦恼由心产生，烦恼如同不良生活习惯导致的疾病，淡定从容的生活态度，是免于烦恼的健康生活习惯。烦恼是无缘无故的风，无法保持平静淡定、对任何事都深思不已、纠缠不休的人，心湖就会被烦恼的风掀起波澜。

人生若能从容淡定，便会远离烦恼，体验另一条生命，另一番境界。有句佛语叫，"掬水月在手"，苍天的月亮太高，凡尘的力量难以企及，但是开启智慧，掬一捧水，月亮美丽的脸就会笑在掌心。人生总会有各种纷繁复杂的问题，面对这些问题，如果不能保持淡定从容，自然会烦恼不已。

日本著名的汽车推销大王奥城良治从学校毕业后，兴致勃勃地踏入汽车推销行业，他以为自己会很快就有一番作为的。令他难以接受的是，辛辛苦苦在外奔波了几个月，竟然毫无业绩可言，拜访客户的时候不是吃闭门羹，就是好不容易登门拜访，费尽唇舌鼓吹后，客户仍旧兴趣寥寥。

眼看着其他推销员业绩蒸蒸日上，自己却屡屡遭受无情打击，奥城良治逐渐心灰意冷，心里也开始打起了退堂鼓。

可是，他又不甘心这样放弃。最后，他决定给自己一个期限，如果到了最后期限，业绩还是不能有所突破的话，他就毅然离开汽车推销行业另谋生路。

不幸的是，在这段期间内，他仍然没有获得半张订单。好不容易熬到了期限的最后一天，他吃了几次闭门羹后，满脸疲惫地走过郊区的一处农田，准备回公司后就提出辞呈。

走着走着，他突然感到尿急，于是就走到田埂旁准备就地解决。

就在这时，他看见田埂旁边恰巧蹲着一只青蛙，当下决定将自己几个月来所受的满腹怨气宣泄在它身上。

于是，他故意朝着青蛙的头上尿尿。他原本以为这只青蛙被自己的尿液乱洒一通之后，会惊惶地跳走，没想到青蛙不但没有跳走，还若无其事地张着眼睛，像是在享受一次大自然的沐浴一样。

青蛙无视他羞辱的行为而表现出怡然自得的样子，给了奥城良治莫大的启示，让他领悟了想要推销成功，就必须要有"把坏人变贵人"的精神，心中不禁又燃起了旺盛的斗志。

奥城良治若有所思地对自己说："如果我是顾客的话，那青蛙就犹如推销员，那些浇淋在它头上的尿液就代表着客户的种种拒绝和羞辱。想要在推销行业出人头地，就必须效法这只青蛙，不论顾客多么无礼，遭遇多么难堪的拒绝、多么恶毒的羞辱，我都要像青蛙一样淡定从容地面对，而且要把它当做对自己的磨炼。"

这只青蛙改变了奥城良治的命运，他把自己的这番心得称为"青蛙法则"，并且奉行不渝。

在虚心检讨自己推销过程存在的缺失后，奥城良治放下害怕遭到拒绝、羞辱的悲观心理，勇敢面对各式各样客户的批评谩骂，终于在遭受1800次拒绝后，获得了第一份订单。

从此之后，他的业绩渐入佳境。第一年每个月平均卖出8部车，到了第二年平均每个月能卖出15部车，到了第五年，每个月平均卖出的车子数量竟然高达30部！

从第五年开始，奥城良治连续蝉联 16 年汽车销售冠军，成为全日本汽车界最负盛名的推销之王。

在现代都市竞争的人性丛林，从容淡定是一种难以达到的大境界，像奥城良治这样的成功人士就是受益于这份从容，而那些庸人们则在杞人忧天、慌不择路。每个人在生活中都有不尽如人意的地方，关键在于你怎样看待它。世事繁杂琐碎，然而这样的人生才是最真实的，烦恼根本没有必要，淡定从容、妄念不生地对待纷扰的人生才是最舒坦的。

从容让你的步伐更坚定

给生活一些从容，会让人得到意想不到的美的享受。众所周知，生活中的诱惑实在太多太多，而物质的欲望则永无止境，一个人若急着想要很多东西，则必然紧紧张张，疲于奔命，哪有时间去享受生活本身呢？人的一生，苦也罢，乐也罢——要紧的是要有一个从容的态度。唯有从容，方能在喧嚣的世界中，自始至终保持独立人格和高洁情怀，甘于清贫，甘于寂寞，自我完善，继而以美的眼光和知足者的心态去欣赏"明月松间照，清泉石上流"，去欣赏"春眠不觉晓，处处闻啼鸟"，去欣赏寻常生活里面点点滴滴的人与事，从而感受到人生的快乐和幸福。

当然，这种从容，并不是要人们对社会无所作为，而是要人们心平气和地对待世间的一切，在品尝美好生活中，有所放弃，有所努力。实际上，一个人具备了从容的心理素质后，就可能获得更大的成绩。

比阿斯有句名言："要从容地着手去做一件事，但一旦开始，就要坚持到底。"

这是一个很古老的传说，说是在很久以前，有两个人偶然与酒仙杜康相遇，杜康觉得和他们颇有渊源，就决定传授给他们酿造美酒的方法。

人常说美酒佳酿亦醉人，但酿造美酒的方法更是累人。首先要选用秋熟饱满的黑糯米，调以冰雪初融时高山清泉的碧水，注入千年紫砂土制成的陶瓮中，再用初夏第一张看见朝阳的新荷叶覆紧，紧紧封闭七七四十九天，直到凌晨鸡叫三遍后方可启封。

终于，他们历尽千辛万苦，找齐了所需的材料，把梦想一起调和密封，然后潜心等待那个酒香扑鼻的时刻。

人常说"等待是煎熬"，这句话多多少少是有些道理的。两个人夜以继日地守在陶瓮跟前，终于到了第四十九天，两人怀着激动的心情夜不能寐，等着鸡鸣的声音。远远的，传来了第一声鸡鸣，过了很久，依稀响起了第二声鸡啼。要等到第三遍鸡叫似乎太漫长了，其中一个再也忍不住了，他心急地打开了陶瓮，在打开陶瓮的那一瞬间，他一下惊呆了，哪里有什么美酒，呈现在他面前的竟然是瓮像醋一样又黑又酸的液体。大错已经铸成，无可挽回，他怎样自责也无济于事了。

而另外一个，虽然也是按捺不住想要伸手，却还是咬紧牙关，屏气凝神坚持等到了第三遍鸡鸣响起。然后，从容淡定地走近陶瓮，轻轻地掀开荷叶，一时间，香醇的酒香弥漫开来，他收获了甘甜清澈的美酒。

行百里者半九十，笑到最后的才是真正的成功，多坚持一刻才会有收获。

许多成功人士，他们与失败者的区别，往往不是更多的机遇或更聪明的头脑。只在于成功者多坚持了一刻，这一刻，有时是一年，有时是一天，有时，仅仅只是一遍鸡鸣。而失败者，也就差了那么一点点。

从容是一种心态，从容也是一种智慧。逆境也罢，顺境也好，人，最好要从容地生活，一个从容的人，不论什么时候，什么环境，都能享受到比其他人更多的快乐。一个有从容心态的人，遇事才能处事不惊，淡看风云，坚定前行。

看看沿途好风景

人们常常抱怨："人生一世，烦恼多于快乐，痛苦多于幸福。其实，人生在世，有烦恼，有痛苦是很正常的现象。没有哪一个人能够顺顺心心，无忧无虑地过一辈子的，关键看你用怎样的心态去面对这些不如意。"

开心是一天，烦恼也是一天。纠缠于生活的烦恼，而放弃沿途的风景，何必呢？

曾经有这样一个寓言，说有一只小老鼠路上拼命奔跑，小乌鸦问它："小老鼠，你为什么跑得那么急？歇歇腿吧。""我不能停，我要看看这条道的尽头是个什么模样。"小老鼠回答后，继续奔跑。

一会儿，乌龟说："小老鼠你不要跑得那么急，晒晒太阳吧。"小老鼠依旧回答："不行，我急着去路的尽头，看看那里是什么模样。"一路上，不管小老鼠碰到什么小动物，也不管小动物怎么询问，小老鼠都给出了同样的答案："我要看看路的尽头是什么模样……"

小老鼠从来没有停歇过，一心想到达终点。直到有一天，它猛然撞到了路尽头的一个大树桩，才停下来。

"原来路的尽头就是这样一个树桩！"小老鼠唱叹道。更令它懊丧的是，它发现此时的自己已经老迈："早知这样，好好享受那沿途的风景，该多美啊……"

这是一个简单到小孩子都听得懂的故事，却说明了一个足以让老人也为之感慨的道理。孩子从故事中看到小老鼠的执着，小乌鸦和小乌龟的可爱；成年人可以从中读出自己忙忙碌碌却错过生命中诸多风景的遗憾。

很多人生大道理，就藏在简单的琐事中，却又深刻地影响着我们。我们行走在尘世间，左顾右盼，东张西望，常常像是一个两鬓风霜的旅行者，经过一个个驿站，为了赶路，有时候甚至不能稍作停留。五彩斑斓生活的在我们的浮光掠影中渐渐变成灰白的记忆，我们自以为奔走在追求快乐的路上，却常常痛苦地感叹生活的艰辛。柴陵郁禅师曾作过一首禅偈："我有明珠一颗，久被尘劳关锁，今朝尘尽光生，照破山河万朵。"

每个人的身上都有一颗属于自己的明珠，但我们却常常因为随波逐流，追逐外在的快乐而迷失自我，丧失快乐的能力。当我们把自己的快乐建立在对外部世界的索求上时，我们就很难得到满足。因为这个世界总是"人外有人，天外有天"的，我们的笔记本不是限量版，我们的房子不是最大的别墅，我们的太太没有明星漂亮，我们的先生也没有比尔·盖茨富有……所以，我们就像一只只奔跑在人生路上的小老鼠，不管如何筋疲力尽，总还是希望可以早点到达终点，并始终固执地认为，终点一定是幸福、快乐而又富足的。

但是，当我们变成一只只撞倒在树桩前的小老鼠时，我们才会发现：本来可以很快乐的一生就这样被我们痛苦地度过了。

生活其实很简单，而简单的背后就是不要和自己较劲，和自己较劲的人是注定不会快乐的。

有一个笑话是这样，说一个老人，非常喜欢留大胡子，花白的胡子足有一尺长。一天傍晚，老人在门口散步，遇到了邻居家一个5岁的小孩儿。小孩子就问他："老爷爷，你这么长的胡子，晚上睡觉的时候，是把它放在被子里面呢，还是放在被子外面？"老人想了一下，竟一时答不上来。

等到晚上睡觉的时候，老人突然想起小孩子问他的话。他先把胡子放在被子外面，感觉很不舒服；他又把胡子拿到被子里面，仍然觉得很难受。就这样，老人一会儿把胡子拿出来，一会儿又把胡子放进去，整整一个晚上，他始终想不出来，过去睡觉的时候，胡子是怎么放的。第二天天刚亮，老人就急不可待地去敲邻居家的门，正好是小孩子来开门，老人生气地说："都怪你这小孩，害我一晚上没有睡成觉！"

是小孩的错吗？显然不是。胡子放在被子里还是被子外原本是很自然的事，考虑多了便成了烦恼。换句话说，生活中的很多事情都是我们自己搞复杂的，我们和周围的人较劲儿，和周围的事儿较劲，有时候还和小老鼠一样，和自己较劲儿。结果，很多明明可以非常容易获得的快乐就这样被我们当成了包袱、烦恼，压得我们喘不过气来。

人总爱和自己较劲儿，什么事都要弄个水落石出，总要把简单的问题搞复杂。吉祥上师曾说：智慧出现的时候，很多事情其实是非常简单的。胡子放在被子里面还是外面这有什么关系呢？路的尽头到底是一个富丽堂皇的城堡还是一截干枯的树桩有什么关系呢？只要我们不为生活的小事儿烦恼，不被虚幻的大目标牵着跑，就可以高高兴兴地度过每一天。而未来，不正是每一个快乐的今天累积起来的吗？就像漫长的人生之旅，其实只是每一步快乐的叠加。

从现在开始，别再和自己过不去了，就在此时此刻，赶快放下行囊吧，打开人生的背包，细细地点数一下你所拥有的亲情、爱情和友情，然后，怀着感恩之心好好地珍惜今天全部的幸福，卸下你的烦恼，快乐、潇洒地重新上路。渐渐地，你就会发现，人生处处都有惊喜，沿路皆是好风景。

跳出"名利场"

泰戈尔曾说："鸟儿翅膀上一旦系上黄金，它就再也飞不起来了。"意思是，一个人如果被名利所累，他就再难从容生活。一个人若将名利看得重于泰山，势必卷入追逐名利的旋涡，酿成悲剧。如果我们每个人面对名利，都能多一些从容，那么，我们的人生也会少了很多世俗烦恼，而轻松自如。

作为一代鸿儒，钱钟书向来淡泊名利。

1991年，全国十八家省级以上电视台联合拍摄《中国当代名人录》，钱钟书名列其中，友人告诉他将以钱酬谢，他淡淡一笑："我都姓了一辈子'钱'了，还会迷信这东西吗？"

又有一次，英国一家老牌出版社得知钱老有一本写满了批语的英文大辞典，派出两个人远渡重洋，叩开钱府的大门，出以重金，请求卖给他们，钱老说："不卖！"

国外曾有人表示，如果把诺贝尔奖颁给中国作家的话，只有钱锺书才能够当之无愧。而钱锺书则表示，萧伯纳说过，诺贝尔设立文学奖比他发明炸药对人类的危害更大。

与钱钟书先生一样淡泊名利的，还有季羡林先生。2009年7月11日季老与世长辞。季老留给我们的不仅是那炉火纯青、登峰造极的学问，更多的是"三辞桂冠"、专心做学问的求实作风，是那种远离浮躁、甘为人梯的淡泊操守。季羡林在《病榻杂记》一书中提出"三辞"，第一次廓清了他是如何看待这些年外界"加"在自己头上的"国学大师""学界泰斗""国宝"这三项桂冠的，他表示："三项桂冠一摘，还了我一个自由自在身。身上的泡沫洗掉了，露出了真面目，皆大欢喜。"

无论是钱钟书还是季羡林，我们所看到的都是淡泊名利，专心学问的情操。无论是治学、立身还是工作，我们都需要这种甘于淡泊的精神。

名利，是伤及世人生命的两件凶器。关于名利，庄子也有一句名言叫做，"名也者，相轧也；知也者，争之器也。"意思是名与利，导致人们相互倾轧，知识谋略，成了人们争名夺利的工具。可见名利之误人误身不浅。古往今来，读书人为了金榜题名而发奋苦读，并非为了真正的学问，这就是争斗心理的开始。人类的历史，尤其是中国的历史，数千年来每个朝代，在皇帝面前党派意见的纷争，都是因"名、利"而引发的。

虚荣是虚妄不实的，然而一般人却往往看不破，执虚为有，并为之驱逐，劳苦不停。虚荣之假难见，虚荣之大，也难以舍弃，正如一句话所言，只身困在名利场，跳入容易抽身难。人们往往贪慕名利虚荣的强大表象，置身险境而不觉。

在太平洋的布拉特岛生活着一种王鱼。王鱼是天生的魔幻大师，它有一种本领，只要它愿意，就能吸引一些较小的动物贴附在自己的身上。它先给它们一点好处，一点自身的分泌物。

当这些小动物被吸引后，王鱼便要千方百计地把这些小动物身上的物质吸干，慢慢地吸收为自己身上的一种鳞片，其实那不是鳞，只是一种附属物。当王鱼有了这种附属物后，便会变成另一种形态，满身像个大气球，比没有鳞的王鱼，最少大出四倍，简直威风极了。而没有吸附小动物的王鱼，还会是老样子，看起来比较渺小，远不如吸附了外界物质的王鱼那么"气宇轩昂"。

可惜好景不长，当吸附了外界物质的王鱼，生命进入到后半生时，由于身体机能的退化，这种附属物会慢慢脱离它的身体，使它重新回到原本的面目，那个较小的外形。

失去了鳞片的王鱼，就会变得痛苦不堪，因为失去了盔甲，它再也无法适应眼前的水域世界。在这种情况下，它会变得异常烦躁。甚至它会去无端地攻击别的鱼类，以解脱自我。可惜，在攻击别人的时候，它又没有了往日的能力，反过来被别人撕咬得遍体鳞伤。

绝望的王鱼，就去自残，往岩石上猛撞，撞得血肉模糊，惨不忍睹。它往日主宰的一切，包括自己的生命，都不再属于它。

虽然是一个关于鱼的故事，但与我们的人生何其相似。虚荣害人。为了求名成功，为了好胜而求知识，这两样都是杀生的武器，杀人不见血，破坏自己的生命。外界的浮华和虚荣是不会长久的，任何不切实际的幻想只能带来无穷的痛苦和烦恼。

一个成熟的人应当努力追求自我生命的价值，看重自己在工作中的贡献，而不是贪慕名利。

从容不是天生的，作为人的一种性格特征，虽然同气质有一定关系，但主要还是取决于自己的胸怀、修养。"心底无私天地宽"，心中经常想着别人，少计较个人的利害得失，我们就能成为一个从容豁达的人。

陈钟盛是白族人，1955 年从昆明工学院机械制造专业毕业，后被分配到首都航天机械公司当了一名机修技术员。但是当他真正接触这项工作后，才发现这个行当并没有想象中那么好做。最棘手的问题便是对机床上损坏了的铸铁的修复，修复铸铁是一项费力不讨好的工作，有时忙活了一个多月，也没有什么实质性的进展。为了尽快改变这一状况，陈钟盛决心在制铁冷焊这条路上闯出一番天地。

在公司技术人员和老师傅的大力协助下，陈钟盛终于成功试制出了新型焊条，攻破了铸铁冷焊的技术难题。在此基础上，他还陆续研发出不同规格、不同性能的铸铁焊条，结束了我国长期依靠进口的历史，还出口国外，为国家赚取了大量的外汇。他的铸铁冷焊技术荣获重大科研成果奖，他出席了全国科技大会，当选了全国劳动模范。

面对接踵而来的各种奖励与荣誉，陈钟盛表现得淡定从容，他说，自己并不是为了这些名利才夜以继日地工作，他想的是将自己的生命奉献给祖国的航天事业，矢志不渝。名利从来都是身外之物，做好工作才是根本，他将奖金捐了出去，他说："我是来工作的，不是来图名图利的。"如今，70 多岁的陈钟盛虽然退休了，但他一直坚持"矢志航天"的信念，为航天事业一直贡献着自己的力量。我国的航天事业正是有了像陈钟盛这样只求奉献、不图索取的技术人员，才能在落后了西方航天强国近 30 年的基础上，迎头赶上，为铸就自主的航天事业奠定了坚实的基础。

在肩负着民族使命、担负着祖国荣誉的航天战线上，每时每刻都涌现着不为名、不为利、无私奉献的航天人。他们远离家乡、远离亲人，独自承受着寂寞，而无怨无悔。正因为有了他们，航天事业才能取得辉煌的成就。无论从事什么行业，都需要这种甘于奉献，淡泊名利的操守。

名利场是一个浮华的世界，处处弥漫着尘埃。它蒙蔽了人们的眼睛，禁锢了人们的心灵，最能够束缚自己的是名利，最能够误导自己的也是名利，"淡泊明志，宁静致远"，只有淡泊名利的人才能坚守自己的选择，安于自己的位置。

心静如水，不为外物所扰

世界就像座城堡，城里的人想逃出来，城外的人想冲进去。身居繁华都市的人，往往追求悠闲平静的田园生活；身在林深竹海的乡人，却向往灯红酒绿的都市生活。其实，平静是福，真正生活在喧嚣吵闹的都市中的人们，可能更懂得平静的弥足珍贵。与平静的生活相比，追逐名利的生活是多么不值得一提。平静的生活在真理的海洋中，在波涛之下，不受风暴的侵扰，保持永恒的安宁。

人要活得轻松自得，就要做到心静如水，不为外界物语所左右。

这是一条古老的街，到处都是老旧的建筑物。老街上有一位老铁匠，由于早已没人需要打制的铁器，他便改卖铁锅、斧头和拴小狗的链子。

他的经营方式非常古老和传统。人坐在门内，货物摆在门外，不吆喝，不还价，晚上也不收摊。你无论什么时候从这儿经过，都会看到他在竹椅上躺着，手里是一个半导体，身旁是一把紫砂壶。

他的生意也没有好坏之说，每天的收入正好够他吃饭和喝茶。他老了，已不再需要多余的东西，因此他非常满足。

一天，一个古董商从老街经过，偶然看到老铁匠身旁的那把紫砂壶。因为那把壶古朴雅致，紫黑如墨，有清代制壶名家戴振公的风格，他走过去，顺手端起那把壶。

壶嘴内有一记印章，果然是戴振公的，商人惊喜不已。因为戴振公有捏泥成金的美名，据说他的作品现在仅存3件，一件在美国纽约州立博物馆里；一件在中国某博物院；还有一件在泰国某位华侨手里，是1993年在伦敦拍卖市场上以16万美元的拍卖价买下的。

商人端着那把壶，想以10万元的价格买下它。当他说出这个数字时，老铁匠先是一惊，后又拒绝了，因为这把壶是他爷爷留下的，他们祖孙三代打铁时都喝这把壶里的水。

壶虽没卖，但商人走后，老铁匠有生以来第一次失眠了。这把壶他用了近60年，并且一直以为是把普普通通的壶，现在竟有人要以10万元的价钱买下它，他转不过神来。

过去他躺在椅子上喝水，都是闭着眼睛把壶放在小桌上，现在他总要坐起来再看一眼，这让他非常不舒服。特别让他不能容忍的是，当人们知道他有一把价值连城的茶壶后，蜂拥而至，有的问还有没有其他的宝贝，更有甚者，晚上来敲他的门。他的生活被彻底打乱了，他不知该怎样处置这把壶。

当那位商人带着20万元现金，第二次登门的时候，老铁匠再也坐不住了。他叫来老街上的街坊，拿起一把斧头，当众把那把紫砂壶砸了个粉碎。

后来，老铁匠一直卖铁锅、斧头和拴小狗的链子，据说他活过了百岁。

老铁匠打破了名利对心的束缚，便重新获得了宁静。宁静可以沉淀出生活中许多纷杂的浮躁，过滤出浅薄、粗陋等人性的杂质，可以避免许多鲁莽、无聊、荒谬的事情发生。宁静是一种气质、一种修养、一种境界、一种充满内涵的悠远。安之若素，沉默从容，往往要比气急败坏、声嘶力竭更显涵养和理智。

因此，心静则万物莫不自得，心动则事象差别现前，我们常人之所以有分别，完全因为起心动念。如何达到动静一如的境界，关键就在吾人的心是否能去除差别妄想。

静是什么？是泰山崩于前而色不变，是大胸襟，也是大觉悟，非丝非竹而自恬愉，非烟非茗而自清芬。

其实，人生真的不必太急功近利，不如将心跳放缓，随青山绿水而舞，见鱼跃鸢飞而动。水流任急境常静，花落虽频意自闲。此心常在静处，荣辱得失，谁能差遣我？人生若常在静中，尘世再多喧嚣，也可以视若无睹，听若未闻。

静者，不是与孤独相依，与寂寞为伴。让自己去享受心灵的宁静，并不是让你放弃对梦想的坚持，而是当做一场惊险搏击之后的小憩，一次成功追求之后的深思，是饱经风霜后以虔诚的心去探寻生命的意义，是大起大落后以平和的方式去感悟人生的心态。

剔除喧嚣，荡尽繁华，宁静是种更本真的美。一个懂得适时让自己回归平静的人，他的思路会越清晰，他就会越发明白事物间的相互联系与作用，面对生活的波折和工作的艰难时他就会停止大惊小怪、动辄抓狂、忐忑不安或是忧伤痛苦，从而保持一种处变不惊、泰然自若的处世的态度，因为宁静本身就是一种积极的态度。

淡看生死，且笑且从容

"对酒当歌，人生几何？譬如朝露，去日苦多。"曹操这一名句流传千古，其诗于雄健之中透出了对人生短促的无奈。死亡不仅是英雄人物的归宿，也是每个普通人的宿命，因此，死亡是人生中的一个基本问题。

死和生同样都是人生的大事。然而，人们在对待"死亡"这一自然事件上的态度则是不同的。东方人把死亡当做一种忌讳；西方人大都把死亡作为一种人生的归宿，看得很平常。东方人的陵园种满参天松柏，郁郁葱葱的绿色下掩映的是让人觉得阴冷诡异的树荫；西方人的墓地基本上没有高树，陵墓散落在绿色的草坪上，迎着阳光。东方人的墓碑多为黑底刻字，庄重阴森；西方人的墓碑多为白色，刻上有意义的墓志铭……

正如一位作家在读完童话《天蓝色的彼岸》后说："人与人之间最大的区别其实是他们对待死亡的态度"。他们如何面对死亡的命题，决定他们如何选择对待生命的方式。但是要知道，死不是绝对的终结和虚无。它教导我们：要珍惜生，但并不必去畏惧死。

西方哲学家蓝姆·达斯曾讲了一个真实的故事。

一个因病而仅剩下数周生命的妇人，一直将所有的精力都用来思考和谈论死亡有多恐怖。以安慰自己的内心。以垂死之人著称的蓝姆·达斯当时便直截了当地对她说："你是不是可以不要花那么多时间去想死，而把这些时间用来活呢？"他刚对她这么说时，那妇人觉得非常不快。但当她看到蓝姆·达斯眼中的真诚时，便慢慢地领悟到他话中的诚意。"说得对！"她说，"我一直忙着考虑死亡，完全忘了该怎么活了。"一个星期之后，那妇人还是过世了。她在死前充满感激地对蓝姆·达斯说："过去一个星期，我活得要比前一阵子丰富多了。"

不要被死亡遮住生的视线，你就能体验到生命的快乐。妇人不再把死放在心上，她就收获了人生中最丰富的一周的生命。

其实，死亡并非是一件坏事，著名哲学家海德格尔认为：生活本身是具有某种额外的肯定力量的，即使生活中的不幸不足以被其包含的好事所盖过，生活仍然是值得一过的。的确，死亡总是我的，别人不能把我的死拿过去，死亡是谁也替代不了的，是和别人毫无关联的，可以说死亡是世界上最私有的东西，每一个人都只能自己去承担自己的死，谁也帮不上忙。

海德格尔在《死亡》最后写道："拥有生命是好事，但生命的量没有限度，那么也许一种不好的结局真在等待着我们大家。"有死的世界并不可怕，可怕的是没有死的世界。没有死，生者何以知生？在人关于存在的意识中，生的意识与死的意识是统一的：死的意识强化生的意识。作为存在者而存在的人，其对自身存在事实的认定唯有通过强烈的生的意识来把握。把死的事实及人关于死的意识置于真实的存在之外，人还有什么生的意识可言？

人之生必然相伴于死，我们每个人从生下来的那一刻开始，便步入了走向死亡的过程。那么，我们在生的过程中就应该去体验生、去沉思生，去由对死的叩问而让自我的生命获得更为长足的发展，从而使我们的生活更加有价值。

既然死亡是必然的，那么，我们还有什么看不开，想不通的呢？用从容的心态，去看待生死，在我们活着的时候，好好体验生活所赋予我们的丰厚内容，面对死亡，我们就可以变得从容无惧。正如尼采所说："参透为何，定能接受。"

第三节 感恩心态：有一种幸福叫感恩

感恩带来机遇

"滴水之恩，当涌泉相报""谁言寸草心，报得三春晖""谁知盘中餐，粒粒皆辛苦""吃水不忘打井人"……我们小时候背诵的诗句，讲的就是要感恩。滴水之恩，涌泉相报；衔环结草，以报恩德，中国绵延多少年的古老成语，告诉我们的也是要感恩。但是，这样的古训并没有渗进我们的血液，有时候，我们常常忘记了，无论生活还是生命，都需要感恩。

心存感恩，你才能收获更多的温暖。机遇通常青睐那些懂得感恩的人。

江城是一个程序员，在一家软件公司工作了六年，他一直以为自己将在这里做到退休，然后拿着优厚的退休金颐养天年。计划总是赶不上变化，不幸的是，这一年公司倒闭了。

作为家里的顶梁柱，江城意识到，重新工作迫在眉睫；身为丈夫和父亲，他很清楚自己的义务和责任。他在心里向妻子和孩子承诺，一定要让他们过得更好。

江城每天都要参加很多面试，生活也开始变得凌乱不堪。可是，一个月过去了，他没找到工作。除了编程，他一无所长。

终于，他在报上看到一家软件公司要招聘程序员，待遇不错。江城揣着资料，满怀希望地赶到公司。刚到那家公司门口，他就看到应聘的人已经排起了长队，人数超乎他的想象，江城深知这次竞争将会异常激烈。

凭着过硬的专业知识，笔试中，江城轻松过关。之后将要面临的就是两天后的正式面试了，但江城一点儿也不感到恐慌，他对自己六年的工作经验无比自信，坚信面试不会有太大的麻烦。

让江城想不到的是，到了正式面试的时候，考官的问题是关于软件业未来的发展方向，这些问题，他竟从未认真思考过。

江城觉得公司对软件业的理解，令他耳目一新，虽然应聘失败，可他感觉自己收获不小，所以，他认为有必要给公司写封信，以表示感谢。回到家后，他就立即提笔写道："贵公司花费人力、物力，为我提供了笔试、面试的机会。虽然没有得到录用，但通过应聘经历使我大长见识，获益匪浅。真诚地感谢你们为之付出的劳动，谢谢!"

这是一封与众不同的信，落聘的人没有不满，毫无怨言，竟然还给公司写来感谢信，真是闻所未闻。这封信被层层上递，最后送到总裁的办公室。总裁看了信后，一言不发，把它锁进抽屉。

一个月后，新年来临，江城收到一张精美的新年贺卡，上面写着：尊敬的江城先生，如果您愿意，请和我们共度新年。江城看着寄信地址，一时间感动极了，原来这张贺卡是他上次应聘的公司寄来的。

感恩，是一种发自内心的情感，它具有很强的感染力。一封感谢信，说来并不是什么重要的物件。但是，一个前来应聘未被录用的人，不仅不埋怨，反而诚挚地道谢，对于这家公司来说，他们更能看到这个应聘者的自身质素。因为，感恩，是一个人良好人生态度的极大体现。江城用自己的感恩之情，为自己创造了一个难能可贵的工作机会。

存有一颗感激之心，时时对自己的现状心存感激，同时也要对别人为你所做的一切怀有敬意和感激之情。懂得感恩，感激别人，感激社会，个人容易获得满足，比较容易获得幸福。同样，你感激别人，别人也会感激你，让你获得幸福。心是相互传染的，如果自己感恩会引发更多感恩，自己付出会引发别人付出。相反，如自己计较也会引发别人计较，自己索取也会引发别人索取。

所以，种下一棵感恩的种子，让它发芽结果，繁衍传播。

这个世上没有谁能够随随便便成功，许多成功的企业家在成功之初，都经受过许多挫折和失败。不同的是他们不会盲目地抱怨命运、抱怨他人，而是怀着一颗感恩的心来检视自己，对自己做出正确的评估，之后，他们会感谢曾经的失败带给他们的经验。如果你现在正饱受折磨，不要埋怨，而应该学会感谢，感谢他们促进你不断进步，并将你推向成功。

始终不变向善的心

有善心的人，才懂得感恩。选择一种向善的生活，其实也是选择一种充满希望的生活，将我们的每一点积累，每一步前行，都朝着幸福和快乐的方向，并在沿路途中，随时拥有和享受不期而至的快乐。使得自己的快乐有人分享，也使得我们能够分享到他人的快乐。选择一种向善的生活，既是为了自己，也是为了别人。善和恶并不都是一个巨大的结果，往往只是点点滴滴的积累。所以，古人说："莫以善小而不为，莫以恶小而为之"。

"人性向善"是一种人生哲学的阐述，是一种可以选择的人生态度。哲学说起来复杂，其实也很简单。哲学的意义就在于能够帮助我们快乐地生活。这个世界有黑暗有美好，而人的内心世界都在渴望着关怀和友爱；有一颗容易被感动的心，所以在很多看似当仁不让，舍我其谁的场合，最终的胜利者往往是用善心焕发出感动，是一种无需言传的沟通。但愿人人都拥有一颗向善的心。它使人生更有意义，使社会更安宁，更温暖也更和谐。

一个周末的晚上，松树堡的寡妇正和她5个年幼的儿女围坐在火堆旁。虽然和孩子们说笑着，但她心里却愁云密布。在这个广阔却寒冷的世界里，她没有一个朋友，没有任何人可以依靠。这一年来，她一个人用那双瘦弱的双手支撑着整个家庭。

如今正属寒冬，森林早已披上了洁白的银装，北风吹得松枝哗哗作响，连她的小屋也颤动起来。屋内的火堆上正烤着一条青鱼，这是她们全家唯一的一点食物。当她看到孩子们欢笑的脸庞时，心里便充满了无限的凄楚和焦虑。是的，她相信上帝一直保佑着她，并了解她的疾苦和贫困，她也知道上帝曾经答应帮助那些孤儿寡母，而上帝绝不会食言，可她现在仍然感到万分的凄苦和无助。

许多年之前，她最大的儿子就离开家庭，到遥远的地方去寻找宝藏，从此便杳无音讯，再没回来过。不久，上帝派死神带走她的伴侣和依靠——丈夫。但她从来都没有沮丧过，一直艰辛地劳动，不仅供养着自己的孩子，还不时地帮助其他的穷人。

她刚把这最后的食物放在桌上，就听到一阵敲门声和狗叫声。全家的注意力都被吸引了过来，孩子们争先恐后地跑去开门。门口站着位十分疲倦的旅人，他衣衫褴褛，但十分健康。旅人走进屋，请求留宿一夜，并想要一些吃的。他说："我一整天滴水未进了。"寡妇听了十分难过，现在她心里关心的不只是自己的事了。她毫不犹豫地把最后一点食物分了一份给旅人，并微笑着告诉孩子们："我们绝不会因为这小小的善举而被遗弃，也绝不会因此陷入更深的困苦之中。"

旅人于是来到盘子旁，当他发现盘中的食物少得可怜时，抬头惊奇地望着这一家人："天啊，你们只有这一点食物吗？"他叫道："却仍然把它分给一个陌生人？你们真是太善良了。可是，你们慷慨地分给我最后一点食物，这些可怜的孩子不就要挨饿吗？"

"是啊！"寡妇忽然泪流满面，"可我还有一个儿子，如果他还没有被上帝带走的话，现在不知在世界的哪个角落。我如此待你，也祈祷别人能如此待他。上帝的仁爱遍施大地，他会保佑我们。就是此刻，我的儿子可能也在四处流浪，和你一般疲惫饥饿，我只希望他能被一户人家所收留，即使这户人家和我们一样的贫困。因此我又怎能背叛上帝，不真诚地收留你呢？"

寡妇刚说完话，旅人便激动地跑过去抱住了她。"上帝果真使你儿子被一个善良的家庭所收留，并且赐予了他财富，使他能感谢真诚收留他的人。我的妈妈！哦，亲爱的妈妈！"原来旅人正是寡妇多年未见的大儿子，他刚从印度归来。

故事中的女主人给我们上了一堂人生哲理课，她向我们展现了人性中的善和美。使得我们感悟到：人生一善念，吉神已随之，善行必有善报。人活着应该有助于人，真诚待人，只有这样，才能得到别人的帮助和尊敬，才能感到真正的快乐，才能获得自己的幸福。

一位哲学家一次问他的学生们："世界上最可爱的东西是什么？"学生听了，便争先恐后地站起来回答。最后一个学生回答道："世界上最可爱的东西，是善。"那哲学家说："的确，你所说的'善'这个字中包含了他们所有的答案。因为善良的人，对于自己，他能够自安自足；对于别人，他则是一个良好的伴侣，可亲的朋友。"

如果一个人能够大彻大悟、尽力为他人服务，他的生命将来也必定有惊人的发展。人生的美德没有再比善良来得更宝贵了。给别人以帮助和鼓励，自己不但不会有损失，反而会有所收获。通常，一个人给别人的帮助和鼓励越多，从别人那儿得到的收获也越多。而那种吝啬的人，对他人不表同情、不予帮助的人，无异使自己陷于孤独无助的境地。

一份善行播出去，将会有无数善行返回来；赠予别人一份祝福，就会收获更多的祝福。善，是人间温暖的所在，也是一个人幸福的源泉。善良是人生当中最宝贵的财富，这种财富要比千万的家产有价值得多。而且拥有这种财富的人，即使没有一分钱的资本，也能做出伟大的事业。

感恩，让你的内心感受快乐

米卢在我国执教国家足球队时曾大力倡导"快乐足球"，他经常引用的一句话就是"态度决定一切"。是的，世界不会因谁而改变，需要改变的是我们改造世界的"心"。人们常说："一个人要学会感恩，才能真正快乐。"感恩是爱的根源，也是快乐的必要条件。如果我们对生命中所拥有的一切能心存感激，便能充分体会到人生的快乐、人间的温暖以及人生的价值。班尼迪特说："受人恩惠不是美德，报恩才是。当他积极投入感恩的工作时，美德就产生了。"一个真正拥有感恩之心的人，才能深刻体会到快乐的真谛。

每一份感恩的情怀，都可以收获满心的快乐。只有常怀一颗感恩的心，我们的心态才会更平和。在一种平和的心境下，我们自然会感觉内心是充实的，生活是快乐的，我们就会觉得时间如白驹过隙，绝不会再感到度日如年的煎熬。

学会感恩，享受生活。我们对待工作也应如此，用一颗感恩的、快乐的心投入到你的工作中，学会发掘自己蕴藏着的内在活力、热情和巨大的创造力，就是学会享受每一天的幸福。如果说良好的心态是前提，适当的压力是促进，工作业绩是激励，那么快乐的工作就应该是贯穿始终的主旋律。没有好的心情，很难谈得上工作效率与成绩。

也许你会说自己的工作是平淡乏味的，也许你认为你的工作是琐碎繁重的，也许……其实只要你愿意怀着感恩的心，快乐地投入工作，那么你的天空将不再是阴霾，你就可以体验到，平凡与精彩、烦恼与快乐、腐朽与神奇原来是如此容易转换，你会发现启迪你力量和智慧的、给予你灵感和快乐的东西，原来离你那么近，并唾手可得。

快乐源于一颗感恩的心。

生活就是百味。每个人遇到挫折或抑郁愤怒或捶胸顿足本无可厚非，在所难免。但即使如此又于事有补吗？这不得不让我们深思。海伦凯勒在失明的黑暗国度里却能优雅自如地享受心灵的光明。她乐观地感恩苦难，是苦难催促她坚强成长，她骄傲地将困难比喻成浩瀚无垠的大海，而她独自驰骋在波涛汹涌的海浪上，凭借自己的智慧和毅力欣赏因搏击成功而激起的朵朵绚丽的浪花。

感恩就像一棵树，你感恩他人，树上就结出一个感恩之果，你吃了，将甜到你心底。感恩就像一位天使，你感恩了他人，天使会把快乐撒给你。

第五章

做情绪的主人，做生活的主宰

第一节　情绪调节：别让坏情绪绑架你

做情绪的调节师

情绪可能会给我们带来伟大的成就，也可能带来惨痛的失败，我们必须了解、控制自己的情绪，千万不要让情绪左右了我们自己。能否很好地控制自己的情绪，取决于一个人的气度、涵养、胸怀、毅力。气度恢弘、心胸博大的人都能做到不以物喜，不以己悲。

激怒时要疏导、平静；过喜时要收敛、抑制；忧愁时宜释放、自解；思虑时应分散、消遣；悲伤时要转移、娱乐；恐惧时寻支持、帮助；惊慌时要镇定、沉着……情绪修炼好，心理才健康，身体便也能够健康。

被人津津乐道的"空嫂"吴尔愉是个控制情绪的高手。她的优雅美丽来自一份健康的心态。她认为，心里不畅快，一定要与人沟通、释放不快。

如果一个人习惯用自己的缺点和别人的优点比，对什么都不满意，却对谁都不说，日积月累，不但她的心情很糟糕，就是她的皮肤也会粗糙，美貌当然会减半。所以，有不开心、不顺心的，她一定找一个倾诉的伙伴。不但自己能一吐为快，朋友也能从旁观者的角度给她建议，让她豁然开朗。

在工作中，她更善于控制情绪，让工作成为好心情的一部分。飞机上常常遇见刁钻、挑剔的客人。吴尔愉总是能够让他们满意而归。她的秘诀就是自己要控制好情绪，不要被急躁、忧愁、紧张等消极情绪所左右，换位思考，乐于沟通。

有一位患上皮肤病的客人在飞机上十分暴躁，一些空姐都被他惹得生起气来。此时吴尔愉却亲切地为他服务，并且让空姐们想想如果自己也得了皮肤病，是否会比他还暴躁。在她的劝导下，大家都细心照顾起这位乘客。

做情绪的调节师，人的情绪无非两种：一是愉快情绪，二是不愉快情绪。无论是愉快情绪还是不愉快情绪，都要把握好它的"度"。否则，"愉快"过度了，即要乐极生悲。人有喜怒哀乐不同的情绪体验，不愉快的情绪必须释放，以求得心理上的平衡。但不能发泄过分，不然既影响自己的生活，又加剧了人际矛盾，于身心健康无益。

当遇到意外的沟通情景时，就要学会运用理智和自制，控制自己的情绪，轻易发怒只会造成负面效果。

面临困境，不要让消极情绪占据你的头脑。保持乐观，将挫折视为鞭策前进的动力，遇事多往好处想，多聆听自己的心声，给自己留一点时间，平心静气地想一想，努力在消极情绪中加入一些积极的思考。

累了，去散一会儿步。到野外郊游，到深山大川走走，散散心，极目绿野，回归自然，荡涤一下胸中的烦恼，清理一下浑浊的思绪，净化一下心灵尘埃，唤回失去的理智和信心。

唱一首歌。一首优美动听的抒情歌，一曲欢快轻松的舞曲或许会唤起你对美好过去的回忆，引发你对灿烂未来的憧憬。

读一本书。在书的世界遨游，将忧愁悲伤统统抛诸脑后，让你的心胸更开阔，气量更豁达。

看一部精彩的电影，穿一件漂亮的新衣，吃一点最爱的零食……不知不觉间，你的心不再是情绪的垃圾场，你会发现，没有什么比被情绪左右更愚蠢的事了。

生活中许多事情都不能左右，但是我们可以左右我们的心情，不再做悲伤、愤怒、嫉妒、怀恨的奴隶，以一颗积极健康的心去面对生活每一天。

走出情绪的死角

正确认识情绪，对情绪反应仔细分析，因为，有时候情绪会把我们带进一个越走越窄的胡同，如果我们不仔细看后面，很可能会误以为已经无路可走。

一个人在森林中徒步行走，他眼角的余光突然发现了一条长而弯曲的东西，他脑子里蓦地窜出蛇的样子，下意识地跳到了一块石头上。但他仔细察看这个东西后，紧张的心情释然了，原来那是一根青藤而不是蛇。

这个人在刚看到青藤时的反应被称为应激反省，是大脑的情绪反应与智力反应的通路。在应激状态下，出现于大脑中的情绪与智力的通路是正常的、可以理解的。然而，有些人稍遇情绪波动，就产生这种通路，产生感情冲动，以感情代替理智、以感情冲击理智。这类人很难调节自己的情绪。

苏珊娜最近的精神状态很糟糕，她不得不去咨询心理医生。

她第一次去见她的心理医生时，一开口就说："医生，我想你是帮不了我的，我实在是个很糟糕的人，老是把工作搞得一塌糊涂，肯定会被辞掉。就在昨天，老板跟我说我要调职了，他说是升职。要是我的工作表现真的好，干吗要把我调职呢？"

可是，慢慢地，在那些泄气话背后，苏珊娜说出了她的真实景况。原来她在两年前拿了个 MBA 学位，有一份薪水优厚的工作。这哪能算是一事无成呢？

针对苏珊娜的情况，心理医生要她以后把想到的话记下来，尤其在晚上失眠时想到的话。在他们第二次见面时，苏珊娜列下了这样的话："我其实并不怎么出色，我之所以能够冒出头来全是侥幸。""明天定会大祸临头，我从没主持过会议。""今天早上老板满脸怒容，我做错了什么呢？"

她承认说："单在一天里，我列下了 26 个消极思想，难怪我经常觉得疲倦，意志消沉。"直到苏珊娜自己把忧虑和烦恼的事念出来后，才发觉自己为了一些假想的灾祸浪费了太多的精力。

烦恼是一种不良情绪，忘掉自我，专心投入你当前要做的事情上，可以让你克服紧张情绪，保持一种泰然自若的心态。许多事情过后，你会发现那不过是庸人自扰，根本没有你原先想象的那么复杂、困难。何苦非要与自己过不去呢？

世上本无事，庸人自扰之。有些时候，并不是烦恼在追着你跑，而是你追着它不放，就像故事中的苏珊娜一样。大凡终日烦恼的人，实际上并不是遭到了多大的不幸，而是自己的内心对生活的认识存在着片面性。因此，要学会摆脱烦恼。

真正聪明的人即使处在烦恼的环境中，也往往能够自己寻找快乐。谁都会有烦恼的事情，但是，如果总是为不期而至的意外烦恼不已，或悲观失望，结果让自己的生活变得更糟糕，这样做不是很愚蠢吗？既然我们不能改变既成事实，为什么不改变面对事实、尤其是坏事的态度呢？

"装"出来的好心情

我们都知道"开心是一天，不开心也是一天"的道理，但"天天好心情"还真不是件容易事。喜怒哀乐乃人之常情，任何人都无法避免，但是长时间情绪低落会侵蚀你的身体，甚至影响你的健康；而好的心情则可以大大提高你的生活质量，也有助于你的身心健康。所以，一个人要想健康长寿，首先要摆脱坏情绪的纠缠，去发现体味生活中的美好，保持自己的好心情。

"心情不好吗？""不好。"

那我们不妨试试"装"出好心情。在我们感到情绪低落时，装出好心情是放松身心、从消极转向积极的最有效的方法——我们通过"装"的扮演过程获得真实的好心情。最终，原本只是装出来的好心情会变成真实的感受从而让我们在不如意的时候较为快乐；遇到困境时也较有自信和意志力。

有句谚语："一个小丑进城，胜过一打医生。"它的意思是说，小丑带给了大家欢笑，而好心情对身心健康的重要性胜过了医生对你的帮助。比方说，当你感到自己很压抑、没有任何动力和积极性的时候，不妨装着笑出来，你可以微微一笑、对着镜子做些鬼脸，还可以开怀大笑、吹吹口哨。无论怎样，你就是要装出自己心情很好的样子。这样，你会发现，不久之后心情真的好起来了。而且，这种方法还能帮助减轻疲劳、舒缓紧张和忧虑。

李先生是一个事业有成的企业家。按理说他的人生很成功，应该没有什么让他忧虑的事情。但事实并非如此，他经常觉得心里恐慌，然后会陷入低落的情绪中。

有一天，他又感到意气消沉。之前一旦出现这种情绪低落状况时，他通常采取的办法是避不见人，直到这种心情消散为止。但这天他要和上司举行一个重要会议，躲着不见人肯定行不通的了，那怎么办呢？他决定装出一副快乐的表情，让大家以为他根本就没有焦虑的事情。

于是，他在会议上笑容可掬，谈笑风生，装成心情愉快而又和蔼可亲的样子。令他惊奇的是，不久他发现自己果真不再抑郁不振了。

李先生认为这是一种很奇妙的感觉，在他无意识中，低落的情绪竟然自己就跑了。

其实，"装"出好心情的例子有很多。不知你有没有这样的发现，当小孩子哭得眼泪汪汪的时候，大人们通常都会逗小孩子说："噢，不哭，不哭，来，笑一个，乖乖笑一个吧。"结果很多小孩子就真的笑了。当然，刚开始的时候，他们可能很不情愿，只是勉强地笑了笑，但很快他们会随着这个勉强的笑慢慢变得开心起来。这就是装出好心情最常见的例子。当然，如果一个人装出很生气的样子，他也会因为这个角色扮演而陷入这种情绪的常见反应，心跳、呼吸变得急促。然后，这个人的情绪也会被"装"的愤怒所影响，容易变得心情不好。所以，当你心情不好、意志消沉的时候，赶快装个好心情吧。你只需用自己的表情和心情这些唾手可得的装扮道具，就能瞬间走出灰暗情绪的笼罩。

心情就像天气，阴晴不定、变幻莫测。天天好心情固然是每个人都渴求的，但瞬息万变的世界往往让人们不能如愿以偿。因为，人难免会遇到不顺眼的人、不顺心的事，坏心情也就随时会光临。如果你不想做一个受控于情绪的人，那么，从现在起，学着"装"出一份好心情，之后，你会发现，坏情绪就真的不见了。

你为什么常常感到烦恼

人活在世不可能事事尽如人意，遇到烦心的事也很正常。关键是看我们如何化解突如其来的坏情绪。

吉姆没有任何睡眠的问题。事实上，他觉得要保持清醒很不容易。今天在公司停车场，他又一次呆坐在车里面，感觉被一整天的压力钉牢在座位上。他浑身感到异常沉重。唯一有力气做的只是松开自己的安全带。然后他继续坐着，一动不动，没法推开车门出去工作。

如果他想一天的工作安排也许能够站起来——以前这种想法总是能让他走出去，让生活像球一样滚动起来。但是，今天却不行。每一次谈话，每一个会议，每一通需要回复的电话都让他感觉像在生生地吞咽着一个又一个的铁球，而随着每一次的吞咽，他的思绪便从日程安排转向了那些每天早晨都会反复问的问题："为什么我感觉这么糟糕？我已经得到了大多数男人想要的一切——相爱的妻子，健康的孩子们，稳定的工作，漂亮的房子……我到底怎么了？为什么我的思想老是集中不起来？而且，为什么总是这个样子？温蒂和孩子们已经被我的自责感折磨得痛苦不堪。他们已经无法再忍受我了。如果我能够弄明白这一切，事情也许会变得不同。如果我能知道为什么自己感觉如此虚弱，也许就能够解决那些问题并且像其他人一样好好地生活。这一切是多么愚蠢啊。"

一位心理学家为了研究人的"烦恼"的来源，做了一个有趣的实验：

他让参加实验的志愿者们在周日的晚上把自己对未来一周的忧虑与烦恼写在一张纸上，并署上自己的名字，然后将纸条投入"烦恼箱"。

一周之后，心理学家打开了这个箱子，将所有的"烦恼"还给其所属的主人，并让志愿者们逐一核对自己的烦恼是否真得发生了。结果发现，其中90％的"烦恼"并未真正发生。随后，心理学家让他们把过去一周真正发生过的烦恼记录下来，又投入"烦恼箱"。

三周之后，心理学家再次把箱子打开，让志愿者重新核对自己写下的烦恼，这次，绝大多数人都表示，自己已经不再为三周之前的"烦恼"而烦恼了。

在这个实验中，我们都会发现：烦恼这东西原来是预想的很多，出现的却很少；自认为沉重到无法负担，转瞬也便如骤雨急停。人生的烦恼太多是自己寻来的，而且大多数人习惯把琐碎的小事放大。

"月有阴晴圆缺，人有悲欢离合"，自然的威力，人生的得失，都没有必要太过计较，太较真了就容易受其影响。人到世上来，不是为苦恼而来的，所以不能天天板着面孔，伤心，烦恼，失意，这样的人生毫无乐趣而言，所以，我们应该为自己的人生创造一个乐观、积极、进取、欢笑、喜悦的个性，快乐地在人间做人，远离忧愁、悲伤、苦恼，如此地活在人间才有禅意，才有价值。

还有这样一个心理学实验：

茶几上摆放着十几个水杯，这些杯子材质不同、造型各异、品位悬殊。心理学家对实验者说："你们如果口渴的话，就自己拿个杯子倒杯水喝吧！"

正值暑天，大家聊了一会儿就觉得口干舌燥，便纷纷起身去选杯子倒水。等到每个人面前都有了一杯水之后，心理学家突然问："你们有没有发现你们选杯子时有个共同点？"

众人互相对视了几眼，都摇了摇头。

"你们看看茶几上被挑剩下的杯子，大多是劣质的塑料杯或纸杯。在可以选择的情况下，每个人都想拥有更好的东西，你们的心思就这样有意或无意地表露出来了。这样的心思并没有什么对错之分，但是你们当中大多数人在选择杯子去倒水的时候都忘记了，自己需要的是水，而不是水杯。水杯的优劣对水质的好坏影响并不大。"

在生活中，类似的例子不在少数。我们往往很容易被一些鸡毛蒜皮的琐事牵绊，反而忘记了自己的初衷，难免自生烦恼。这正是"野花不种年年开，烦恼无根日日生"。

作家吴淡如女士曾经在她的文章中提到过这样一组数据：

我们的烦恼中，有40％属于杞人忧天，那些事根本不会发生；30％是无论怎么烦恼也没有用的既定事实；另12％是事实上并不存在的幻象；还有 10％ 是日常生活中微不足道的小事。也就是说，我们的脑袋有 92％ 的烦恼都是自寻烦恼，活该你烦恼。只有 8％ 的烦恼勉强有些正面意义。

吴淡如问她的读者："看了这些数据，你要不要删除你 92％ 的烦恼？"

是啊，看了这些数据，我们是否应该主动删除自己那 92％ 的烦恼呢？

佛经上说，魔鬼不在心外，魔鬼就在自己的心中。古代的思想家王阳明也说："擒山中之贼易，捉心中之贼难。"由此，星云大师告诫我们，自己的敌人就在自己心里，贪嗔痴疑慢、消极懈怠、忧愁烦恼，无一不是阻碍我们精进的心魔，能将其降伏者，也只有我们自己。

紧张情绪，人体的定时炸弹

紧张情绪会影响我们正常的思考，会导致我们发挥失常。

紧张的结果是心灵的超负荷运转，最后终将导致不幸的发生。现代人越来越容易感染负面的情绪，有时一个很小的打击也足以使我们绝望，导致一败涂地。

何雨是家里的独生子。由于历史的原因，父亲个人的理想成了泡影，便将全部的期望都寄托在何雨的身上。他在父亲的灌输下形成的强烈的"出人头地"意识与其一般的智能和责任心形成了巨大的反差。

高考前，黑板上每天变化的高考日期倒计时和随时变化着的同学们的考试成绩一览表，加上父亲那企盼的目光，给何雨造成了巨大的心理压力。他出现食欲下降、恶心、心慌、心悸、惶惶不可终日的连锁反应。

当高考如约而至的时候，何雨突然心中一阵慌乱，脑中一片空白。他压抑着紧张情绪，越压抑，心里越紧张，结果，他落榜了。面对这沉重的打击，他长时间不能从失望、痛苦、无助的情绪中解脱出来。

当他第二次面对高考时，他变得更加紧张恐惧。由于紧张感达到了极点，他甚至想放弃第二次高考。在第一门考试时，考场出现了异常，在一时混乱的气氛中，何雨心中那巨大的紧张感突然消失了，第一门考试发挥了较好的水平，但从第二门考试开始，那种紧张的感受又袭上心头，从而影响了以下几门考试的成绩。他勉强考取了一所高等专科学校。

但事情远远没有终结。在他几年的大学学习中和走向社会后，只要面对考试，紧张不安的情绪便会出现。

紧张是一种因某种强大压力所引起的、高度调动人体内部潜力以对付压力而出现的一种生理和心理上的应急变化。一般来说，在关键时刻，情绪的适度紧张不但不是坏事，而且还是必需的。

适度的紧张是有益的，但过度的紧张将会对人体产生抑制作用。过度紧张会使人动作失调，会使人行为紊乱，会降低效率。因为人们在过度的紧张情绪下，会使脑神经的兴奋和抑制过程失调，出现暂时性的不平衡。这时，人就会体验到一种难以自制的心慌、不安、激动和烦躁的情绪，从而出现一系列的行为紊乱、动作失调现象。

偶尔出现过度的紧张如能及时调整，不会对人造成大的危害，但持续的情绪紧张状态对人体特别有害。有人把持续的情绪紧张称之为体内的"定时炸弹"。

学会克制自己的情绪

人生充满了曲折，于是人有时会快乐，有时会痛苦，有时会悲伤，有时会郁闷。不同的境况会让人产生不同的情绪反应，然而情绪却有正面和负面之分，正面情绪使人积极向上，负面情绪使人沮丧失意。不管是哪种情绪都会在时间中向自己内心深处沉淀，成为自己的潜意识。

不管自己正在做着什么工作，也不管自己处于一种什么样的人生状态，人总会向自己追问人生的意义，也总会在生活中思考人生的价值。这也就说明人很希望能掌控自己的内心世界，因为只有自己成为了自己，一切才能变得充满意义。如果可以掌控自己，即使"痛"也可以使自己快乐着。

一个成功的人必定是有良好控制能力的人，控制自我不是说不发泄情绪，也不是不发脾气，过度压抑会适得其反。良好地控制自我就是不要凡事都情绪化，任由情绪发展，而是要适度控制，这是一种能力的体现。

情绪是永远在动的，永远会导入另一种情绪。

你所碰到的"负面的"主观与客观事件，就是为了要使你去检查你意识里的内涵。那些充满了恨和报复性的思想，也是自然的治疗工具，因为如果你接纳它们，跟随它们，它们将自动地领着你超越它们自己，而变成其他的情绪。

当我们感觉有一种不愉快的情绪时，要花一点时间去弄清楚它们的来源。随着你的情绪去自由流动，它永远会带你回到引起你情绪的那个"有意识的信念"。所以，当我们抑制不住生气时，我们要学会问自己：一年后生气的理由是否还那么重要？这会使你对许多事情得出正确的看法。控制住自我，你的能力就会彰显出来。

詹纳斯·科尔耐说："我把人在控制情感上的软弱无力称为奴役。因为一个人为情感所支配，行为便没有自主之权，而受命运的宰割。"哈佛公共政策学教授伊莱恩·凯玛克则说："做自己感情的奴隶比做暴君的奴仆更为不幸。"

每个人在生活中都会遇到不合自己心意的事，有些人会为这些事情恼羞成怒，也有些人经常满脸愁容，精神不振，这些坏情绪，直接影响人的生活和工作。

人是在束缚中寻找生命的意义的，在寻找、认识及掌控自己的过程中，我们会产生各种心理问题以及人格障碍。面对自己的各种情绪，我们需要认知，需要在各种情绪体验中兴利除弊。一个不能真正认清自己的人，也不会真正认清他人。一个掌控自己内心世界的人，会活得更加坦然、快乐。

学会给坏情绪减负

生活在林中的小鸟，只要有一根可以立足的树枝，它便会觉得整个天地都属于自己；口渴的田鼠，只要饮到河中的一点点水便会知足，而不会奢求一个粮仓。所谓"知足常乐"，小人物也有小人物的境界，只要自己觉得满足就可以了，没有必要再去贪求其他多余的东西。

每个人所拥有的财物，无论是有形的，还是无形的，没有一样真正属于自己。那些东西不过是暂时寄托于你，有的让你暂时使用，有的让你暂时保管而已，到了最后，物归何主，都未可知。智者会把这些财富统统视为身外之物。如果过分地索求，只能成为人生的一种负担，而它带给人的只有痛苦和对幸福快乐的无从把握。

《大学》中有句名言："止于至善。"是说人应该懂得如何努力而达到最理想的境地，懂得自己处于什么位置是最好的。这便是知足常乐之意，在知前乐后当中，也是透析自我、定位自我、放松自我的过程。人们因为知足，所以不至于迷失方向，去追求不切实际的事物而把自己弄得心力交瘁。

一个富翁到海边的小渔村度假。傍晚，他来到海边散步，看见一个渔民满载而归。富翁与渔民闲聊了起来，看着他捕的鱼，问他为什么不再多捕一些呢？

"这些鱼已经足够我一家人生活所需。""那么你一天剩下那么多时间都在干什么？"渔民满足地说："我呀？我每天回来后跟孩子们玩一玩，黄昏时晃到村子里喝点小酒，跟哥们儿玩玩吉他，我的日子可过得充实又忙碌呢！"

富翁不以为然，帮他出主意："我倒是可以帮你忙！你应该每天多花一些时间去捕鱼，到时候你就有钱去买条大一点的船。然后你可以捕更多的鱼，再买更多渔船，拥有一个渔船队。到时候你就不必把鱼卖给鱼贩子，而是直接卖给加工厂。接着你自己开一家罐头工厂，离开这个小渔村，搬到洛杉矶，最后到纽约，在那里经营你不断扩充的企业。"

"这要花多少时间呢？""15～20年。"

"然后呢？"

富翁大笑着说："然后你就可以在家当富翁啦！时机一到，你就可以宣布股票上市，把你公司的股份卖给投资大众。到时候你就发啦！你可以几亿几亿地赚！"

"然后呢？"

富翁说："到那个时候你就可以退休啦！你可以搬到海边的小渔村去住。每天出海随便捕几条鱼，跟孩子们玩一玩，黄昏时晃到村子里喝点小酒，跟哥们儿玩玩吉他！"

渔夫一脸淡然地说："我现在不就是在过这样的生活吗？"

人们兜兜转转、忙于奔命，最后却往往回到了原点，发现期待的生活与曾经已经过上的生活并没有区别，不禁充满了失望。其实大多数时候不必为不顺心的事情感到沮丧，毕竟每个人都有自己的生活方式，或许如今的生活很简单，但是它既然存在，就一定会有它的乐趣，只不过人们没有感受到而已。生命各有各的乐，就在于生命体对各自生活的一种简单的满足。

学会给情绪减负，做一个轻松快乐的人。快乐纯粹是内发的，它的产生不是由事物而来，而是因不受环境拘束的个人举动所产生的观念、思想与态度。这种观念和思想常来自于人们的知足感。在那些用平凡色彩渲染的人生里，宁静和温馨生活对于风雨兼程的人们来说是心灵的避风港，如何获得宁静、温馨，唯"知足常乐"四字，它会使人生多份从容和达观，帮助人们选择属于自己的乐趣所在。幸福其实很简单，只需要一点知足达观。

我的情绪我做主

你曾经有过这样的经历吗？考试前焦虑不安、坐卧不宁？受到批评后眼前一片空白，不愿上班？和同学朋友争吵后，气得上街乱逛，买一堆不合适的东西泄愤？像这类"犯规"的举止，偶尔一次还不要紧，如果经常这样，可就要小心了！因为在不知不觉中，你已经成了"感觉"的奴隶，陷于情绪的泥淖而无法自拔，所以一旦心情不好，就"不得不"坐立不安，"不得不"旷工、"不得不"乱花钱、"不得不"酗酒滋事。这样做不仅扰乱了自己的生活秩序，也干扰了别人的工作、生活，丧失了别人对你的信任。

著名专栏作家哈理斯和朋友在报摊上买报纸，那朋友礼貌地对报贩说了声谢谢，但报贩却冷口冷脸，没发一言。

"这家伙态度很差，是不是？"他们继续前行时，哈理斯问道。他有些替朋友抱不平。

"他每天晚上都是这样的。"朋友笑着说到，没有一点不悦之色。

"那么你为什么还是对他那么客气？"哈理斯有些不解。

朋友笑得更厉害了，他答道："为什么我要让他的情绪决定我的行为？难道我还要浪费掉我的好心情，去和他斗气吗？"

不要被他人的不良情绪所影响。但是现实生活中，我们却常常会犯这样的错误。一个成熟的人握住自己快乐的钥匙，他不期待别人使他快乐，反而能将快乐与幸福带给别人。每个人心中都有把"快乐的钥匙"，但我们却常常在不知不觉中把它交给别人掌管。

1939 年，德国军队占领了波兰首都华沙，此时，卡亚和他的女友迪娜正在筹办婚礼，在光天化日之下卡亚被纳粹推上卡车运走，关进了集中营。卡亚陷入了极度的恐惧和悲伤之中。

一同被关押的一位犹太老人对他说："孩子，你只有活下去，才能与你的未婚妻团聚。记住，要活下去。"卡亚冷静下来，他下定决心，无论日子多么艰难，一定要保持积极的精神和情绪。

所有被关在集中营的犹太人，他们每天的食物只有一块面包和一碗汤。许多人在饥饿和严酷刑罚的双重折磨下精神失常，有的甚至被折磨致死。卡亚努力控制并调适着自己的情绪，把恐惧、愤怒、悲观、屈辱等抛之脑后。在这人间炼狱中，卡亚奇迹般地活了下来。他不断地鼓舞自己，靠着坚韧的意志力，维持着衰弱的生命。

1945 年，盟军攻克了集中营，解救了这些饱经苦难、劫后余生的人。卡亚活着离开了集中营。若干年后，卡亚把他在集中营的经历写成一本书。他在前言中写道："如果没有那位老者的忠告，如果放任恐惧、悲伤、绝望的情绪在我的心间弥漫，很难想象，我是否还能活着出来。"

是卡亚自己救了自己，是他用积极乐观的情绪救了自己，他战胜了不良情绪，他主宰了情绪，他不是情绪的奴隶。

情绪，如果能妥善运用，是可以使人生变得更好的。只是，要实现"应用"的可能，必须先使他臣服，受你驾驭。情绪既是生命的一部分，就像我们的手与脚、过去的经验、积累的知识能力等，是为我们服务，使人生更美满的。可惜的是，今天社会上有很多人都陷入了迷茫苦恼中不能自拔，成为自己情绪的奴隶，而不是驾驭自己情绪的主人。这种情况是可以扭转的，有很多技巧可以帮助每一个人做自己情绪的主人。

第二节 情绪传导：别被他人的不良情绪左右

你只需要接受你自己

世界上没有两个完全相同的人，正如世界上没有两片完全相同的树叶。"天生我材必有用"，每个人都有自己的特点和长处，每个人都有尚未发掘出来的潜力和特质。如果我们能时时刻刻提醒自己，"你是重要的"，我们的好情绪就可以轻松地被调动起来，然后我们就能够发现和发挥我们自身的潜能，取得最后的成功。

不要被坏情绪牵着鼻子走，要相信你自己，你所做的事，别人不一定做得来。而且，你之所以为你，必定是有一些相当特殊的地方。这些特质是别人无法模仿的。既然别人无法完全模仿你，就不一定做得了你能做的事。那么，他们怎么可能给你更好的意见呢？他们又怎么能取代你的位置，替你做些什么呢？

所以，你要相信自己，每个人都是上帝的宠儿，上帝造人时即已赋予每个人与众不同的特质，所以每个人都会以独特的方式与别人互动，进而感动别人。记住！你有权力相信自己很重要，你要心中默念："我很重要。没有人能替代我。"

杰拉德斯·图夫特还是一个八岁的小男孩时，一位老师问他："你长大之后想成为怎样的人？"他回答："我想成为一个无所不知的人，想探索自然界所有的奥秘。"图夫特的父亲是一位工程师，因此想让他也成为一名工程师，但是他没有听从。"因为我的父亲关注的事情是别人已经发明的东西，我很想有自己的发现，研制出自己的发明。因为我相信自己是独一无二的，而且我会成功。"正是有着这样的渴求，当其他孩子正在玩耍或者在电视机前荒废时光的时候，小小的图夫特就在灯前彻夜读书了。"我对于一知半解从来不满足，我想知道事物的所有真相。"他很认真地说。

图夫特告诫我们要保持自我，做独一无二的自我。正是这样，他才知道要走什么样的道路。在现实生活中，我们可以成为一名科学家，可以去做医生，但是一定要做一个独一无二的人，模仿他人只会葬送自己。

世界上没有完全相同的两个人，这就是人类能够取得各种各样成就的原因。所以没有必要来强迫一个人去做他不感兴趣的工作。如果你对科学感兴趣，你要尽量找一些好的老师，这点非常重要。即使是这样，你也不一定就会获得诺贝尔奖，这些事情是可遇而不可求的，你不能过于注重结果，也不要期望一定能取得什么样的成就，否则，只会让你的坏情绪轻而易举地击倒你。重要的是，我们要肯定自己。

农夫家养了3只小白羊和1只小黑羊。3只小白羊因为有雪白的皮毛而骄傲，而对那只小黑羊不屑一顾。

不止小白羊，连农夫也瞧不起小黑羊，常常给它吃最差的草料，时不时还对它抽上几鞭。小黑羊过着寄人篱下的日子，也觉得自己比不上那3只小白羊，常常独自伤心地流泪。

初春的一天，小白羊和小黑羊一起外出吃草。不料寒流突然袭来，下起了鹅毛大雪，它们躲在灌木丛中相互依偎着……不一会儿，灌木丛和周围全铺满了雪。它们打算回家，但雪太厚了，无法行走，只好挤作一团，等待农夫来救它们。

农夫发现4只羊羔不在羊圈里，便立刻上山去找，但四处一片雪白，哪里有羊羔的影子啊。正在这时，农夫突然发现远处有一个小黑点，便快步跑过去。到那里一看，果然是他那濒临死亡的4只羊羔。

农夫抱起小黑羊，感慨地说："多亏小黑羊，不然，羊儿可能要冻死在雪地里了！"

这个故事告诉我们，小黑羊是独一无二的，所以农夫发现了它们，它们才不会被冻死在雪地里，其实人也一样，人们的不足与缺陷往往更能彰显出自己的独特。每个人都有自己的优点，不要因为一点小小的不足而否定自己，陷入自卑的情绪中，自怨自艾。比如有些人，在智商方面可能并没有什么超常的地方，但借助上帝之手，他们总有某个特质是超出常人的。这种时候，只有使这些能让自己成就大事的特质得到充分的发挥，人才有可能成长并且才能走向成功的道路。

从现在开始，喜欢你自己，愉快地接纳你自己。要知道，我们每个人都是一个独特的个体，在这个世界上是独一无二的，每一个人都有属于自己的位置。一个人只有全面地接受自己，才能走出自卑、自责的情绪沼泽，活出精彩的自己。

不要让他人影响你的情绪

我们都听过四面楚歌，霸王兵败的故事。如果我们能够对这个故事加以分析，你一定会有别的收获。

秦朝末年，楚汉相争。在垓下，刘邦和项羽展开了决战。

刘邦军队把项羽的军队包围了。为了减弱项羽军队的抵抗力，谋臣张良在彭城山上用箫吹起悲哀的楚国歌曲，并让汉军士兵中的楚国降兵随他一齐唱。

这些歌曲传到楚军营中，使楚军产生了缠绵的思乡之情。思乡之情蔓延开来，大家的斗志大为松懈。

思念家乡，人们就会无心作战，谁都渴望赶快回到家乡，和亲人团聚，而开始厌倦战争，不愿意在这场几乎败局已定的战争中白白牺牲自己的生命。

谁都知道，战争中，士气是极为重要的。这首歌曲中浓浓的乡情，使楚军的战斗力大减。

结果许多项羽营中的士兵在这首歌曲的感染下，有的逃跑，有的斗志松懈，宁可投降，保全自己的性命。

在这种士气下，项羽军队在战斗中败给了刘邦的军队，项羽兵败自杀于乌江，而刘邦得了天下。

其实，四面楚歌这个成语许多人都知道，是形容四面受敌，绝望无援的境况。这一计谋是张良献给刘邦来对付项羽的，而且很成功。之所以获得成功，是得益于张良对情绪的把握。我们可以想想看，楚军被困重围本身就情绪低落，这也是他们心理防线最薄弱的时刻，在这样的情境下，士兵们听到来自家乡的歌谣，自然而然地会想到自己的亲人是否安在。当这种强烈的悲痛情绪突破他们的底线时，失败也就在所难免了。实际上，张良是不自觉地利用了人类的"情绪共鸣"这一心理学原理，一举成功。

现代心理学指出，在外界作用的刺激下，一个人的情绪与情感的内部状态和外部表现，能影响和感染别人。

白领丽人小璐有一次和一个客户在谈项目时，双方非常投机，对方突然决定立刻签订合同。可当时再通知日方主管已经来不及了。

于是，小璐出面与对方签订了合同。其实细算起来，那应该算是一笔大单。但后来公司却以她擅自越权为由，向她提出了解约。当时小璐无法理解为什么自己为企业带来了这么多的效益却仍得不到信任。

后来她从侧面了解到由于她的能力很强，她在公司内部的对手向日方管理打小报告，说她与客户私下有金钱交易。而这次她与客户签订合同，让本来疑心就重的日方经理下决心"炒"掉她。对这个决定，小璐非常气愤。但冷静下来后，她认为自己在这样的领导和这样的企业工作，对自己未来的发展会非常不利，这次的离职其实也是自己重新发展的一个大好契机。只是如果是以自己被"炒"为结局，实在不甘。于是她找到公司，要求由自己提出辞职。

在谈自己的经验时，小璐觉得离开未必是件坏事，知名企业有它吸引求职者的巨大魅力，但同时也要看清，作为知名企业，尤其是外企，它们有自己悠久的历史、完整的体系。这些在成为企业优势的同时，也会成为个人发展的绊脚石。

小丽能控制自己的情绪，清醒地认识到自己的处境是很明智的。如果因为他人的影响，而使自己的情绪失控作出不好的事情来，那就是我们的损失了。

在生活中，一个人的情绪很容易会受到他人的影响，常常会因为一些对自己不利的事情而生闷气，比如：为什么老板总不给涨工资，为什么丈夫总是不理解自己，朋友为什么会在关键的时刻明哲保身，等等，这些事情会让我们一下子火药味十足。但这样的生气并不利于解决任何问题，反而会让我们的头脑不清醒，甚至做出一些让自己后悔终生的事情来。

世间任何事情都没有绝对，所以只要你心中看得开就行了，何必在乎别人怎么看、怎么说呢？如果我们以别人的看法为指南，存有这种潜意识，生活就会苦多于乐。毕竟无法尽如人意的事情太多了，如果只是为了别人而活，痛苦难过的就只有自己。既然如此，又为什么让他人来左右我们的情绪呢？

勇敢地为自己选择

选择是艰难的，因为只要有选择就意味着要有取舍，而无论做什么选择，都意味着要放弃其中之一，于是你退缩了。但你也许想不到，你很可能会变成一个懒惰的人，没有主见，没有勇气，在遇到问题时，你一定会恐慌而且不知所措，你的思考和行动能力也会逐渐地削弱。

因此，不管是在学习上还是生活上，你全都变得被动起来。所以，每个人都要牢牢地把握住自己的选择权，这样的人生也才更完整。

　　选择并不是一件简单的事情，不仅要懂得为自己选择，更要学会如何选择。而诀窍就在于不要因他人言论和判断束缚了自己前进的步伐，任何时候，让心做行动的向导，它会带你去到那个你想去的地方。

　　伊夫林·格兰妮是世界上一流的打击乐独奏家，她曾说："从一开始我就决定：一定不要让其他人的观点阻挡我成为一名音乐家的热情。"

　　格兰妮8岁时就开始学习钢琴，日子如流水般滑过，徜徉在音乐世界的她毫无倦怠，她的热情与日俱增。

　　然而，不幸的事情发生了，她的听力渐渐下降，医生们断定这是由于神经损伤造成的，而且这种损伤难以康复，并且还断言到12岁时，她将彻底耳聋。虽然听起来让人震惊，甚至产生巨大的绝望和悲痛，但她仍然执着地爱着音乐。

　　她的理想是成为打击乐独奏家，而在当时并没有这么一类音乐家。为了演奏，她学会了用不同的方法"聆听"其他人演奏的音乐。她只穿着长袜演奏，这样她就能通过身体和想象感觉到每个音符的震动，她几乎用她所有的感官来感受着她的整个声音世界。

　　虽然丧失了听觉，她依然决心成为一名音乐家，于是她向伦敦著名的皇家音乐学院提出了申请。

　　她的演奏征服了所有的老师，最后，她打破了这个学校从来不收聋学生的传统，顺利地入了学，并在毕业时荣获了学院的最高荣誉奖。

　　从那以后，她就致力于成为第一位专职的打击乐独奏家，并且为打击乐独奏谱写和改编了很多乐章。

　　格兰妮一直坚持她自己的选择，哪怕医生的诊断也不能影响他高涨的情绪，她要做自己喜欢的，所以，她最终成功了，她成了世界上第一位专职的打击乐独奏家。她为自己的选择感到骄傲。

一种好情绪就是一盏灯，选择以怎样的情绪面对生活，这一切由我们自己来选择。

生活中的你尝试过作选择吗？在学习和游戏之间、在交友和树敌之间、在谦逊和逆反之间，你又是否感受到了选择的巨大力量，感受到了自己的价值？当你轻视自己的选择权，它就真的无足轻重；当你重视自己的选择权利时，它又会变得举足轻重。当然，情绪也需要你的选择，积极的还是消极的，权衡过后，人生也将会不同。

他人也是自己的一面镜子

人与人之间的情绪是可以相互影响的。把一个乐观的人和一个悲观的人分在一间房子里，当他们共同生活一段时间后，会出现两种可能：一种是两个人都是乐观的人，一种是都成了悲观的人。

这就是情绪的力量。它强大到可以完全地改变一个人。当然，人的情绪繁多，我们处在这样一个人际关系相对复杂的社会，受多种情绪波及影响也是很正常的，关键是看我们如何选择对我们有益的。

在成年人的世界中，流传着这样一个不成文的定律：你周围 6 个人的价值的平均水平，就是你的价值。这个规则说明的是，身边的朋友对我们而言，就是衡量自身价值的一个重要指标——你周围的朋友优秀，可想而知你也是不错的，你周围的朋友快乐，你自然也不会太消极，你周围的朋友毫无理想和追求，那你可能也在放纵自己，你周围的人忧愁，你就很难划分到快乐一族。

这个纷繁复杂的社会，因形形色色的人们结成各式各样的关系而精彩不断。社会是由人与人构成的，人的个体禀赋不同，所结成的社会关系也不同。自从产生了阶级，各种社会关系就以集体、群体的形象体现出来。然而这些不同会让人常常对自己没有一个很好的了解，其实利用周围的人来认识自己是再好不过了。

谁都不是单独生活在社会中的个体。在生活中，我们难免会形成这样或者那样的关系，比如师生关系、父子关系、朋友关系、同事关系，这些关系的背后，就是在说明我的人生是和怎样的人度过的。亲人父母不能选择，但我们的朋友却都是我们自己选择的。选择朋友的眼光，就是你自己的人生标准，久而久之，你周围的人就是跟你志同道合的人，那么，想认识自己，就看看你周围的人是什么样子。高情商的人可以利用别人的优点来强化自己，在这个过程中，对自我情绪的调节是很重要的。

凯丽出生于贫穷的波兰难民家庭，在贫民区长大。她只上过 6 年学，也就是只有小学文化程度。她从小就干杂工，命运十分坎坷。

但是，她并没有因此而悲观绝望，相反的，她每一天都活得很开心。她觉得生活已然如此，埋怨烦恼也无济于事，那为什么不让自己活得开心一些，轻松一些呢？

凯丽是这样想的，也是这样做的。生活在社会的最底层，她知道，你对别人笑，别人即使不对你笑，但也不会厌恶你。这就是小凯丽最开始的想法。凯丽 13 岁时，看了《全美名人传记大成》后突发奇想，她想要直接和许多名人交往。她的主要办法就是写信，每写一封信都要提出一两个让收信人感兴趣的具体问题。许多名人纷纷给她回信。此外，她还有另外一个方法，凡是有名人到她所在的城市来参加活动，她总要想办法与她所仰慕的名人见上一面，只说两三句话，从不给人家更多的打扰。

就这样，由于她得体的谈吐，令人深感愉悦的乐观精神，她认识了社会各界的许多名人。成年后，她经营自己的生意，因为认识很多名流，他们的光顾让她的店人气很旺。最后，她不仅成为了富翁，还成了名人。

每个人都是自己的一面镜子，你选择以怎样的形象示人，别人回馈于你的也不外乎如此。可是，生活中很多人并没有认识到这一点，他们紧紧地锁住自己，为的是能够全神贯注地拼搏。可是，他们不知道，当他们集中了精神只守着自己的那一小块田地的时候，他已经失去了由人脉构建起来的更为广阔的沃土。

俗话说得好：物以类聚，人以群分。同类的物品常归纳在一起，而人按照品行、爱好等形成群体。现代生活中，每个人都有自己的生活圈子，在这圈子中都是志同道合的好朋友。无论你是哪一类，都验证了人以群分的不变规律。比如你喜欢逛街，那么一定会有几个和你一样的朋友，你喜欢读书，你一定有一些书友。

我们最常见的现象是，有一些本不相识的人会自然地聚拢在一起，但是有些人却始终游离于他们之外，想加入也难以如愿。有人认为是气味导致的，即"臭味相投"，的确有些生物就是如此。也有些人认为是"八字相合"，命中注定。其实这些都是因为他们不是一类人，没有共同的话题，他们就很难找到相同点，那么在他们身上就很难找到自己的影子，如果交到坏朋友，更有可能使自己迷失。而这些，都是借由情绪的表达所达到的一个情感共通的效果。

从这些我们可以得出初步的结论，从一个人的朋友可以了解一个人的个性。从一个人的对手便可以了解一个人的底牌。如果放开延展这个结论，也许我们可以从一个男人或女人的追求者是什么层次的人，便可以在短时间初步判断出一个人的层次。

个人大部分的成就总是蒙他人之赐、借他人之力，保持周围人的高水平，就是保持自己的高水平。

而朋友，就是我们最需要借鉴和依靠的"他人"。"利用"

并不是完全丑恶的，它来源于人们在现实生活中各取所需的关系。有些人不能正确地认识自己，不是因为自己没有能力，而是他们常常走入一个误区，那就是他们常常给自己消极的暗示，我这样行吗？我能完成这项任务吗？但如果你利用周围的人来认识或提升自己，那么你会从中认识不一样的自己，从而走出那个误区，说不定还有意想不到的收获。

人有时对自己缺乏全面的解析，如果我们想要更好地认识自己，就要利用周围的人。

第三节　情绪释放：给负面情绪找个出口

丢掉坏情绪，做到浑然忘我

紧张是一种不良情绪，它会让我们时时处在不安中，以致无法做好任何事情。学着放松自己的心情，不要让外界因素影响到你，时时保持一种轻松的状态，我们做任何事情都会得心应手。学着让烦恼情绪过期，快乐的情绪自然会回到你的身边。

球王贝利刚刚入选巴西最著名的球队——桑托斯足球队时，曾经因为过度紧张而一夜未眠。他翻来覆去地想着："那些著名球星们会笑话我吗？万一发生那样尴尬的情形，我有脸回来见家人和朋友吗？"一种前所未有的怀疑和恐惧使贝利寝食不安。虽然自己是同龄人中的佼佼者，但烦恼使他情愿沉浸于希望，也不敢真正迈进渴求已久的现实。

最后，贝利终于身不由己地来到了桑托斯足球队，那种紧张和恐惧的心情，简直没法形容。"正式练球开始了，我已吓得几乎快要瘫痪。"他就是这样走进一支著名球队的。原以为刚进球队只不过练练带球、传球什么的，然后便肯定会当板凳队员。

哪知第一次，教练就让他上场，还让他踢主力中锋。紧张的贝利半天没回过神来，双腿像长在别人身上似的，每次球滚到他身边，他都好像看见别人的拳头向他击来。在这样的情况下，他几乎是被硬逼着上场的。但当他迈开双腿，便不顾一切地在场上奔跑起来时，他渐渐忘了是跟谁在踢球，甚至连自己的存在也忘了，只是习惯性地接球、盘球和传球。在快要结束训练时，他已经忘了桑托斯球队，而以为又是在故乡的球场上练球了。

那些使他深感畏惧的足球明星们，其实并没有一个人轻视他，而且对他相当友善。如果贝利一开始就能够相信自己，专心踢球，而不是无端地猜测和担心，就不必承受那么多的精神压力了。但是最后，他还是战胜了紧张，让紧张情绪迅速过期，重新找回了自己。

当紧张产生的时候，具体情况先分析一下，这些问题是不是你生活中非常重要的问题？它们会产生哪些后果令你惊惧？这些思考有助于将紧张减少到最低程度，使你的情绪能够平和、冷静下来，应付所面对的难题。同时还应该试着把内心忧虑的事用笔全部记录下来，然后逐条检查，把不是很急切的事抽出来，先思考解决比较急迫的事，接着再慢慢想办法解决其他的问题。这样，不仅可以有条不紊地理清积压的难题，还能缓解紧张情绪。

轻轻松松做人，简简单单生活，按照自身的喜悦安排自己的生活，想想也没什么不好。金钱、功名、出人头地、飞黄腾达，这种人生是大多数人梦寐以求的。但如果为了获取这些，而让自己陷入烦恼之中，这就是我们的失败了。能不依附权势，不贪求金钱，无怨无争地生活，也是一种很惬意的人生。毕竟，我们用不着挖空心思去追逐名利，用不着留意别人看你的眼神，心灵没有锁链，快乐而自由，这样的生活岂不是更美好？

警惕情绪污染

现代社会信息交流快捷，人际交往频繁，环境气氛对人的影响力强，情绪会相互感染，尤其是家庭成员之间情绪很容易互相传染。

当然，情绪有好有坏，感染的效果会有正有负。良好的情绪会构成一种健康、轻松、愉悦的气氛，坏情绪会造成紧张、烦恼甚至敌意的气氛。情绪污染是指在坏的情绪影响下，造成心情不畅的氛围。现代医学告诉我们，大多数人的疾病往往会从不良的情绪、失衡的心理中产生。为此，人们应该像重视环境污染一样，重视情绪污染。

要防止情绪污染，首先，要从自我做起，尽量做到不将坏情绪传播给家人、朋友、同事，传播给社会。其次，要学会和提高调整情绪的技巧，遇到烦恼、挫折要善于解脱，增强心理承受力。另外，切忌把不良情绪带回家，一旦家庭成员情绪不佳，要及时做好疏导化解工作，使氛围向正效应转化。

情绪是客观事物作用于人的感官而引起的一种心理体验。无论喜、怒、思、悲、惊，都有其原因和对象。幽静的环境，清新的空气，高尚的品德，物质的丰富，文化的繁荣，都能引起人们愉快、轻松的良好情绪，而环境脏乱、虚伪庸俗、文化枯萎等，则可能导致人们厌烦、压抑、忧伤、愤怒的消极情绪。

将一个乐观开朗的人和一个整天愁眉苦脸、抑郁难解的人放在一起，不到半个小时，这个乐观的人也会变得郁郁寡欢起来。道理很简单，悲观者将自己的苦闷、抑郁传递给了他，人的情绪就是这么的奇怪。情绪具有感染力，那就让我们及时调整好自己的情绪，不要让你的坏情绪到处去"惹祸"了。

其实，我们每个人都是不良情绪的始作俑者，每个人也都是不良情绪的受害者。其实，只要中间的某个人可以控制住自己的情绪，这个恶性循环就不会再传递下去。

良好的情绪会带给周围人无尽的欢乐。如果我们仔细回想一下，一定能够想得到许多良好情绪感染我们的例子。比如某小区的物业人员总是真诚、友善地和你道一句"你好""再见"之类的话语，你可能本来因忙碌而觉得心烦，但一听到他人的问候、看到他人的笑脸，你的内心也会绽放出一枝花来。许多经常来往的人会互相影响，也是基于这样的道理。但如果是坏情绪的传染，有时会带来毁灭性的灾难。

俄亥俄州大学社会心理生理学家约翰·卡西波指出，人们之间的情绪会互相感染，看到别人表达的情感，会引发自己产生相同的情绪，尽管你并未意识到在模仿对方的表情。这种情绪的鼓动、传递与协调，无时无刻不在进行，人际关系互动的顺利与否，便取决于这种情绪的协调。

情绪的感染通常是很难察觉的，这种交流往往细微到几乎无法察觉。专家做过一个简单的实验，请两个实验者写出当时的心情，然后请他们相对静坐等候研究人员到来。两分钟后，研究人员来了，请他们再写出自己的心情。这两个实验者是经过特别挑选的，一个极善于表达情感，一个则是喜怒不形于色。实验结果，后者的情绪总是会受前者感染，每一次都是如此。这种神奇的传递是如何发生的？

人们会在无意识中模仿他人的情感表现，诸如表情、手势、语调及其他非语言的形式，从而在心中重塑自己的情绪。这有点像导演所倡导的表演逼真法，要演员回忆产生某种强烈情感时的表情动作，以便重新唤起同样的情感。

研究发现，人容易受到坏情绪的传染，带着满肚子闷气，绷着脸回到家，摔摔打打，看什么都不顺眼，立刻便将坏情绪传染给了全家，整个晚上甚至连续几天都不得安宁。同样，在家里怄了气，也会把坏情绪带到外面。这就像一个圆圈，以最先情绪不佳者为中心，向四周荡漾开去，这就是常被人们忽视的"情绪污染"。用心理学家的话说：情绪"病毒"就像瘟疫一样从这个人身上传播到另一个人身上，一传十、十传百，其传播速度有时要比有形的病毒和细菌的传染还要快。被传染者常常一触即发，越来越严重，有时还会在传染者身上潜伏下来，到一定的时期重新爆发。这种坏情绪污染给人造成的身心损害，绝不亚于病毒和细菌引起的疾病危害。

同样，你听同一首歌，在家听的感受与到演唱会现场去听，结果肯定是大相径庭，因为你在现场情绪受到了感染。认识到情绪这种特殊的"传染病"，我们就要重视它，并积极利用正面情绪，克制、舒缓负面情绪，这样才能拥有赢得成功的品质。

与其一天到晚怨天怨地，说自己多么不幸福，不如借由改变自己的情绪个性来改变命运。没有人是天生注定要不幸福的，除非你自己关起心门，拒绝幸福之神来访。千万不可做喜怒无常的人，让自己的心理状态完全被情绪左右，那样伤害的不只是别人，你自己也会因此失去拥有幸福的机会。任何人都会有情绪低落的时候，每当这时，一是要有点忍耐和克制精神，要学会情绪转移。把不良情绪带回家，将心中的怨气发泄在家人身上，为一些小事耿耿于怀……诸如此类，都会影响他人情绪，造成家庭情绪污染。

用宣泄为自己减压

随着生活节奏越来越紧张，我们所面临的压力也越来越大，内心积压的不良情绪也越来越多，如果不及时为这些情绪找一个发泄渠道，它们将会危害到我们的身心健康。

28岁的李小姐在一家大型外资企业工作，虽然刚工作3年，薪资已经到了每月万元以上，这在同龄人中，算是很好的了。可即使这样，她还是时常抱怨压力太大，并通过聚会等各种各样的方式为自己减压。可最近一段时间，李小姐的家人发现她不再像以前那样爱出门玩儿了，下班回到家后，她就一直坐在电脑跟前。后来她自己告诉家人，她的同事们都到网上社区发泄，将自己不能跟身边人说的秘密发到上面去，以此来释放自己的压力。她通过浏览上面的内容，发现有的人比自己还要不幸，立即就感觉自己的压力没那么大了，并且认为这确实是一个很好的减压方法。

在这些说出秘密的社区里，发布秘密的人以女性居多，发布的内容也大都是一些关于自身的一些不堪的回忆，发布者将自身的秘密说出来，引起很多人回应，有的人也说出相同的经历，并把自己的一些经验说出来，与单纯的劝慰比起来，现身说法的方式反而让更多的人获得益处。李小姐觉得一些在现实生活中不能倾诉的情绪，在网上社区很容易就能说出来，李小姐这样的想法很多人也能理解，毕竟在网络中，大家互相都不认识，等于把真实的困扰放在虚拟的空间，说出来的过程就是释放和发泄，也正因为如此，有很多年轻人都热衷于这样的方式。

针对这种情况，心理专家认为：能够将不良情绪释放出来，就是一种解压的方式，不论采用何种方法，对自身的情绪调节都是有好处的。但年轻人只热衷于其中那种隐蔽的方式，反映出在交友或是处理同事关系方面，这些年轻人存在很多误区或是不正确的地方，宁愿告诉陌生人也不跟家人或是朋友交流，说明他们相互之间的信任度很低。

宣泄情绪，需要一种积极向上的方式，这种方式应该是阳光的，有透明度的，这样，才会有助于我们建立一种达观的人生态度。下面我们就一起来了解一下几种宣泄情绪的方法：

1. 利用语言暗示的作用缓解不良情绪

当你被不良情绪所压抑的时候，可以通过语言暗示来调整和放松心理上的紧张，使不良情绪得到缓解。语言是一个人情绪体验强有力的表现工具。通过语言可以引起或抑制情绪反应，即使不出声的内心语言，也能起到调节作用。发怒时，你可以暗示自己"不要发怒""发怒会把事情办坏的"；陷入忧愁时，你可以提醒自己"忧愁没有用，于事无益，还是面对现实，想想办法吧"，等等。在松弛平静、排除杂念、专心致志的情况下，进行这种自我暗示，对情绪的好转大有益处。

2. **了解生物节律，尊重情绪规律**

人是有生物钟和生物节律的，比如有的人是早起型，有人是晚睡型，有人早晨效率高，有人下午头脑好，其实情绪也一样有它的节律。所以我们要熟悉自己的生物节律和情绪周期，合理安排时间，这样便能得到更有效率的成果，从而避免消极情绪的不良影响。

3. **保证充足的睡眠，让情绪好好休息**

匹兹堡大学医学中心的罗拉德·达尔教授的一项研究发现，睡眠不足对我们的情绪影响极大，他说："对睡眠不足者而言，那些令人烦心的事更能左右他们的情绪。"

当你每天睡眠不足，强打精神把自己控制在办公桌前，烦躁、抑郁、焦虑、担忧等不良情绪也会轻易找上你，不仅使你工作效率全无，而且还影响自信心。当然，多少睡眠量能满足自己的需求因人而异，但最起码要保证充足的高质量的睡眠，这也是保持良好情绪，取得好成绩的重要保证。

吵架也能化解坏情绪

人的情绪总是在不注意的时候积压了许多的不满，久而久之，人们的情感就会因这些不满而变质，生死之交，可能因为一点小误会大打出手，彼此深爱的情侣也可能因任何的问题而产生口角。

吵架的本身，并不一定就是因为感情不好或者有任何的过节，你可能因为过于关心对方，甚至是深爱着对方，而将自己的想法投射在他人的行为上，当那个人不如你意时，小小的芥蒂，却因此而生了。

吵架多数发生在夫妻身上。关于夫妻之间的争吵，普遍认为这是一件正常的事情——甚至还有人认为"打是亲骂是爱，不打不骂是祸害"。所以，身处婚姻中的男女没有必要将生活中的吵架当做是一件多么了不得的事情，甚至因此认为你们的婚姻进入危机，应以一颗平常心对待彼此之间的分歧和争吵。

而且，从另外一个角度来说，吵架反而是你们夫妻之间沟通的一个很好的手段。因为当另一个人什么东西都是一味认同对方，自己内心的需求无法满足，这样自己的不满不自觉地就会产生，憋在心里只会让夫妻双方的感情处于冷战，可是对方却还不明白你在烦恼什么，这个时候，吵架就可以帮助你们沟通彼此的见解了。

和谐的婚姻，并不在于两个人志同道合，完全没有争吵，而在于争吵发生后，彼此如何处理与面对，这是婚姻生活中很重要的一门学问。夫妻之间争吵时应遵循以下三个原则：

一是争吵时先调整心情，再处理事情。夫妻吵架往往不在于是谁的对错，而在于双方的心情好坏。心情好，能把坏事看成好事；心情不好，能把好事看成坏事。一些夫妻往往把对方的优点、长处忽略不计，或看做理所当然，而单单斤斤计较对方的缺点、毛病，总是将这些看在眼里，烦在心里，就会挑剔、指责不断、吵架不止。夫妻间如果一方长期被挑剔、否定、指责，一定会发泄不快，导致心情沮丧，夫妻吵架就在所难免，而且会由小吵到大吵，由善意转变成恶意。

二是不要企图改变对方，而要先努力改变自己。夫妻之间在一起共同生活，但是二人的兴趣、爱好、性格以及思维模式和行为习惯很少有完全相同的，所以，各自对待生活的态度、处理事情的思想和方法会有很多不同之处。恩爱夫妻都有着共同的特点就是，都能互相包容和顺应，而不能企图抹杀或改变，更不能企图把自己的兴趣、爱好、思维模式及行为习惯强加给对方。

三是夫妻争吵时不求胜利，只求沟通。夫妻吵架不必争谁输谁赢，只要在吵架中把自己心中的不满"吵"给对方就够了。有时大家说，吵架是一种强烈的沟通形式，因为通过吵架，即使对方没有完全接受你的观点、想法或意见，也已起到了交流感受、想法、意见的作用。尽管吵架是一种被动的沟通，但是，它比夫妻间有气发不出来，而闷在心里好得多。

夫妻吵架不求胜利，只求沟通的另一个方面是"不讲道理"是真道理。因为夫妻吵架，很少由原则问题引起，不必较真。如果凡事都较真，非要争出个谁对谁错的道理来，那么"较真"本身就已经错了。

我们如果能够学会用技巧来沟通，那么对自己和爱人的关系只有好处，没有坏处。

丢掉悲观情绪，做个开心的人

有些人一遇到不如意的事情便垂头丧气、怨天尤人，严重的还会对前途失去信心、心灰意冷。对于这种现象，心理学家为我们作出了解释，乐观主义者总是假设自己是成功的，也就是说，他们在行动之前，就已经有了85％的成功把握。这种自信让他们更容易靠近快乐和成功；而悲观主义者在行动之前，却已经确认自己是不可能有好的结果的。这种悲观的情绪便会将他们与快乐、成功隔离。悲观者唯一的好处就是不会有太大的失望，因为，他们也从来没有给过自己过高的期望；但同时他们也看不到生活中的希望。

学着丢掉悲观的情绪，我们就很容易做个开心的人。其实，很多事情，换个角度，换个心情去看待，结果会完全不同。决定快乐的不是环境，而是心境。如果你选择的是快乐，那么快乐就会围绕在你的身边，但是如果你的眼里只看见烦恼，那么烦恼就会越来越多，直至最后让你窒息。

李伟是一个生性乐观的人，无论在什么时候，他总是一副很开心的样子。他单身的时候，与几个朋友一起住在一间只有七八平方米的房子里，有人问他："那么多人挤在一起，转个身都难，有什么可开心的?"李伟说："这么多朋友在一起，不仅能说说笑笑，而且随时都可以交流思想，沟通感情，这还不是高兴的事吗?"

过了一段时间，由于各自的工作关系，朋友们一个个都搬出去了。最后，屋子里只剩下李伟一个人。每天，他依然很开心。邻居觉得这个年轻人很有意思，每天都笑呵呵的，仿佛从来没有什么忧愁的事情，出于好奇，邻居不禁问他："之前有那么多朋友你还有开心的理由，可现在呢?"

"还是很开心啊!"

邻居不解："现在，你孤孤单单的一个人，有什么好开心的?"

李伟说："我还有很多书啊! 一本书就是一个老师。和这么多老师在一起，时时刻刻都可以向老师请教，这是多么开心的一件事啊?"

"那你从来就没有遇到过不开心的事情吗?"邻居终于问出了自己的疑惑。

"也有，不过想想开心是一天，不开心也是一天，既然如此，为什么要让那些不开心的事情污染到我的好情绪呢? 生命这么宝贵，不是吗?"

就像李伟说的一样"开心是一天，不开心也是一天，既然如此，为什么要让那些不开心的事情污染到我的好情绪呢?"

当然，这个道理大家都懂，但是懂和做完全是两种概念，只有把我们懂的加以利用，使之成为对我们有益的能量，才是我们需要学习的。其实，世上没有非走不可的路，没有非想不可的人，没有非做不可的事，让该来的来，该去的去，这样你我就会有一颗快乐的心。的确，快乐无处不在，只不过是因为每个人看问题的角度不同，思考问题的出发点也不同，那么得到的结论也就不尽相同。

悲观和乐观，只是一念之间，然而，通过这一念之间看到的世界，却有着天壤之别。生活中的很多事情，都存在着相互对立统一的两面，我们应该看到它们的另一面，凡事往好处想，朝着乐观的方向走，希望、幸福和快乐将会变得无穷。

第六章

借助心态的力量，打造
成功人生

第一节　从现在开始，发掘心态的力量

勇于冒险，冲破内心的厚茧

一个卓越的人，不仅将他的工作安排得井井有条，甚至他的生活也被编排得丰富多彩。

生活中大多数时光都是平淡的，只有冒险才能让生活中少数的亮点更加精彩，令人回味。因此，卓越的人都会喜欢冒险，喜欢接触一些新鲜陌生的事物。

当然，冒险不同于鲁莽，二者是有本质区别的。如果你把一生的储蓄孤注一掷，采取一项引人注目的行动，在这种行动中你有可能失去所有的东西，这就是鲁莽轻率的举动。如果你由于要踏入一个未知世界而感到恐慌，然而还是接受了一项令人兴奋的新工作，这就是大胆的冒险。

没有冒险就很难取得成功，让我们敢于做第一个吃螃蟹的人吧！

吉列特就是一位敢于冒险的人。他生于美国，在德国长大。他26岁时来到美国纽约，选择了钢材原料与工具的进出口贸易作为自己的奋斗目标。这种业务就属于那种以自己的资金为赌

注来做生意的冒险行业。

他所从事的行业充满风险和危机。事实上，钢铁市场行情涨落确实非常极端，常使从业者坐立难安！

一个青年胆敢单枪匹马来到一个陌生的地方从事如此一项充满冒险的工作，他的勇气从何而来？

古列特说："这种与钢铁有关的买卖发展需要很长的一段时间，且长久以来一直由厂商所垄断，像我这种'外来人'要想分一杯羹，可以说是毫无机会可言。因此，我必须冒险一搏。"

"冒险一搏才能赢"，就是古列特勇气与毅力的来源，其公司的建立便是根植在这种坚强的心理基础之上。

在公司创立不久后，他被征召入伍了，但是战争结束后，他扩大营运规模，大大小小的钢铁制品他皆负责经营。一年的时间中，他至少有一半的时间在外奔波，忙于寻找新顾客与拓展新市场，并在投资与经营手段上连连使出冒险妙招，使公司的业务量直线上升。他有时甚至远渡重洋，飞往各国，与客户洽商。多年来，他一直过着一个星期工作 6 天，一天工作 12 小时的生活，辛劳远超过常人，但他仍然干劲十足。

到 20 世纪 50 年代末，古列特的公司已成长到每年有 1000 万美元的业务，收益在 100 万美元以上，他个人一年的平均所得达 40 万美元之多。

可以说，其公司业绩已相当可观。

如果古列特当初没有冒险之心，也许就不会取得今天这种成果。

古列特由于本身十分乐于迎接挑战，所以他敢于冒险去创造机会，从而得以与幸运之神相遇。

要想获取成功，就要有冒险的精神，用阳光心态，全神贯注地做好准备，随时出击，牢牢地抓住机会。

世界的改变、生意的成功，常常属于那些敢于抓住时机、适度冒险的人。有些人很聪明，把不测因素和风险看得太透了，不敢冒一点险，结果聪明反被聪明误，永远只能"糊口"而已。实际上，如果能在准备阶段就对风险有判断，规划转化风险的方法，则风险并不可怕，相反，适度的冒险也许能为你带来财富和幸运。

善待压力，压力可以变动力

我们每个人都听说过或玩过一种叫"陀螺"的玩具，它是一种只有在外力抽打的情况下，才会旋转的玩具，而且外力越强大，它旋转得越快。身在职场，我们要学习陀螺的精神，在压力面前让自己永葆旺盛的斗志和持久的耐力。

人在职场，不可能没有竞争压力，但许多人视竞争对手为心腹大患，视异己为眼中钉、肉中刺，恨不得欲除之而后快。其实，能有一个强劲的对手，反而是一种福分、一种造化，因为一个强劲的对手会让你时刻都有危机感，会激发你更加旺盛的精神和斗志。

加拿大有一位享有盛名的长跑教练，由于在很短的时间内培养出好几名长跑冠军，所以很多人都向他探询训练秘密。谁也没有想到，他成功的秘密仅在于一个神奇的陪练，这个陪练不是一个人，而是几只凶猛的狼。

因为这位教练给队员训练的是长跑，所以他一直要求队员从家里出发时一定不要借助任何交通工具，必须自己一路跑来，作为每天训练的第一课。有一个队员每天都是最后一个到，而他的家并不是最远的，教练甚至想告诉他改行去干别的，不要在这里浪费时间了。

但是突然有一天，这个队员竟然比其他人早到了 20 分钟，教练惊奇地发现，这个队员这天的速度几乎可以打破世界纪录。

原来，在离家不久经过一段 5 公里的野地，他遇到了一只野狼。那野狼在后面拼命地追他，他在前面拼命跑，最后，那只野狼竟被他给甩下了。

教练明白了，这个队员超常发挥是因为一只野狼，他有了一个可怕的敌人，这个敌人使他把自己所有的潜能都发挥了出来。

从此，这个教练聘请了一个驯兽师，并找来几只狼，每当训练的时候，便把狼放开，没过多长时间，队员的成绩都有了大幅度的提高。

日本的游泳运动一直处于世界领先地位，有人说，他们的训练方法也很神奇：日本人在游泳馆里养着很多鳄鱼。

队员每次跳下水之后，教练都会把几只鳄鱼放到游泳池里。几天没有吃东西的鳄鱼见到活人，立即兽性大发，拼命追赶运动员。而运动员尽管知道鳄鱼的大嘴已经被紧紧地缠住了，但看到鳄鱼的凶相时，还是条件反射似的拼命往前游。

无论是加拿大人还是日本人，他们无疑都明白了这样一个道理，敌人的力量会让一个人发挥出巨大的潜能，创造出惊人的成绩，尤其是当敌人强大到足以威胁你的生命时。敌人就在你的身后，只要你一刻不努力，生命就会有万分的惊险和危难。

在我们的现实生活中，大多数人天生是懒惰的，都尽可能逃避工作。他们大部分没有雄心壮志和负责的精神，宁可期望别人来领导和指挥。就算有一部分人有着宏大的目标，也缺乏执行的勇气。他们对组织的要求与目标漠不关心，只关心个人；他们缺乏理性，不能自律，容易受他人影响；他们工作的目的在于满足基本的生理需要与安全需要。

只有少数人勤奋，有抱负，富有献身精神，他们能自我激励、自我约束。

人们之所以天生懒惰或者变得越来越懒惰，一方面是所处环境给他们带来安逸的感觉；另一方面，人的懒惰也有着一种自我强化机制。由于每个人都追求安逸舒适的生活，贪图享受便在所难免。

此时，如果引入外来竞争者，打破安逸的生活，人们立刻就会警觉起来，懒惰的天性也会随着环境的改变而受到节制。

所以，善待你所面对的压力吧！千万别把它当成你前进的"绊脚石"，而应该把它当作你的一剂强心针，一台推进器，一个加力档，一条警策鞭。欢迎生活、工作中的一切压力吧，因为它们的存在，才让你成为一只旋转得越来越快的陀螺。

打败懈怠，培养进取心

舒适的诱惑和对困难的恐惧征服了许多人。进取心如果不能持之以恒，并不总是能战胜懈怠这个大敌，不能把人们一如既往地引向更美好的事物。而懒惰则是安于平庸的先兆，所以，进取心的第一个敌人是懈怠。

数十年前，高中毕业下乡插队的张女士顶替父职到某企业工作，先后当过工人、车间调度、总公司办公室收发兼档案管理，饱经风霜的她任劳任怨。近年来，企业经营不景气，单位进行机构改革与调整，此时此刻，她猛然意识到自己年龄大、学历低，又无专长，下岗的忧患时刻威胁着自己。她思虑再三，决心在短期内掌握一技之长。

平常在工作中她帮打字员校对文稿，发现那位打字员不仅打字速度慢，而且错漏百出，校对后还要耗时修改，工作效率很低，公司里的几位老总都对其不满。看来，换人是迟早的事。

于是，张女士利用空闲时间苦练电脑打字技术，这对40多岁的她来说确实不容易。经过大半年时间的刻苦学习，她的录入速度提高到每分钟50字，而且准确率相当高，几乎可以免除校对了。文稿排版美观大方，文字摆放疏密有致，令人赞不绝口。

不久，一位学档案管理专业的大学生接替了她的工作，她则被聘为办公室打字员。而那位比她年轻十多岁的前任则无可奈何地下了岗。

可见，想在这个社会上赢得一席之地，就必须养成居安思危的习惯。如果做一份什么人都可以做的工作而又不思进取，那么说不定什么时候就被人淘汰了。

人皆有惰性，一旦条件优越，就难免不思进取。然而，一个人要想在异常激烈的社会竞争中不被淘汰，还是有一点危机意识的好，这样就可以未雨绸缪，主动出击，多一点生存的技能与智慧，对未来就多几分机会与把握。

在社会需要的压力下，在人类渴望美好事物的进取心的指引下，人类文明获得了长足的进步。只要我们尽力做好本职工作，不断付出努力，尚未实现的理想终究会变为现实。

推动生命向上的力量，也使别人对我们充满了信心。人们不沉溺于过去，不满足于现实的所有，而是努力地走向更高、更舒适的位置，努力学习新的知识，努力把自己塑造得更加优雅和高尚，努力获得更多财富和追求更高的社会地位。

生活中，一些极富潜力的人满怀希望地出发，却在半路停了下来，满足于现有的温饱和生存状态，选择放弃、逃避、退却。他们忽视、掩盖并且放弃前进，这样他们就失去了这一力量的引导，他们同时也失去了生命向他们提供的许多东西。他们都是易于满足的人。满足于现状者的典型特征就是放弃攀登，他们无视山峰为他们提供的机会，永远欣赏不到山顶的景色，然后庸庸碌碌地度过余生。对于一个满足于现状的人来说，他没有任何更好的想法、更美的愿望，他不知道是不满足造就了人类伟大的精英。

只有当我们不满足于现状时，我们才会分享到进取心带来的无穷力量。

能量，在体验中爆发

一个人能取得多大的成功，不是取决于一个人才能的高低，而是取决于他有多高层次的需要。在同样的一个社会，一些人成就大业，一些人取得小成功，一些人一蹶不振。不少人为了一个远大的目标，能经受长年累月的奋斗考验，进行长期的努力，也有不少人虽向往成功，却经受不起几次挫折便向困难投降。

你的需要是什么？产生的内在动力是强还是弱？一匹小马达也许可以带动一辆小拖车，但绝对带动不了一列火车。

你想成就大业，很好。但你必须了解带动火车飞速前进的动力机车与一般小马达的区别。确切地说，你必须了解你内心世界能推动你前进的动力是什么，有多大。

一般情况下，人们必须先生存后发展，所以人的低层次生理需要、安全需要比高层次的爱的需要、尊重的需要更加强烈。自我实现的需要，一般要在前面四个层次的需要得到基本满足之后才会产生。

有些人由于长期没有得到低层次需要的满足，可能会永久地失去对高层次需要的追求。然而，从成功的大小来说，高层次的需要推动大成功，低层次的需要推动小成功。

有一位名叫麦克法兰的世界级运动员，两岁半便双目失明，但他硬是在母亲的鼓励和父亲的帮助下，以自己身体各个部分的"肌肉记忆"感知世界，不仅具有顽强的生存本领，而且在摔跤、游泳、掷铁饼、掷标枪等体育项目中获得了全国和国际比赛的103枚金牌，改变了盲人只能靠拐杖或导盲犬生活的命运，创造了许多健全者也难以创造的奇迹。

另一位著名人物的经历也很感人。

1921年8月，一位39岁的美国人突然患了急性脊髓前角灰质炎，双腿僵直，肌肉萎缩，臀部以下全麻痹了。而这个沉重的打击发生在他作为民主党的副总统候选人参加竞选而败北以后，他的亲属、挚友都陷入极度失望之中，医生也预言他能保住性命就是万幸。但他不屈服于命运的坚强意志使他无论如何也"不相信这种娃娃病能整倒一个堂堂男子汉"。

为了活动四肢，他经常练习爬行；为了激励意志，他把家里的人都叫来看他与刚学会走路的儿子进行比赛，一次次都爬得气喘吁吁，汗如雨下……目睹那催人泪下的场面时谁也没想到，十余年以后，他竟奇迹般当选为美国第37届总统，坐着轮椅进入白宫。他，就是美国历史上唯一一位连任四届的总统罗斯福。

欲望的力量是惊人的，只要你用强大的欲望之力去推动你成功的车轮，你就可以平步青云，攀上成功之岭，改变生活中的一切。

像罗斯福这样的例子还有很多很多。如果把世界上类似的奇迹都倒推回它们刚刚开始出现的那种状态，我们就会惊奇地发现：一切都是从似乎"不可能"开始的。穿过开始和结局之间那个充满了拼搏奋斗、挫折失败和一个个小成功的漫长过程，我们发现这句凡人格言总是会得到证明：欲望可以改变一切。

在你的头脑中也有自我实现的钥匙，在你的身边埋藏着无数愿望，把它们发掘出来加以培养，转化成强烈的欲望，你就可以成为一个真正卓越的人。

平凡心态成就非凡人生

平凡是一种生活态度，一种对生命的坚持！生命总有许多的过往，未来还有无尽历程！值得努力的事情，就该用不平凡的态度去完成，无论是否成功，我们只注重过程，哪怕事与愿违，最起码我们不再甘于被动。

平凡并不是平庸，平凡只是在这个色彩缤纷的世界为自己涂上了一层保护色；平凡也并不是呆板，只是在这个物欲横流的世界保持真我的本色。

平庸也是一种态度，而且是一种既被动又功利的人生态度。

有着平庸态度的人诸事平平，没有一事精通，这是平庸者的一种规律。平庸不仅分散人的精力，而且永远不会把人们引向成功。所以说，人可以平凡，但绝不能平庸。

这里有一个小故事，相信对每一名职场中人都会有所启示：

曾经有一个重点医科大学毕业的应届生，他对将来充满了困惑，他每时每刻都在苦恼，因为他觉得：像自己这样学医学专业的人，全国有成千上万，而且现在的竞争如此残酷，究竟自己的立足之地在哪里呢？

的确，要想争取到一个好的医院，就像千军万马过独木桥，难上加难。这个年轻人没有如愿地被当地有名的医院录用，他到了一家效益不怎么好的医院。可是从那时起，他就下定决心一定要作出成绩，医院可以不出色，自己的工作也可以平凡，但他一定要全力以赴去争取成功。就是他这种绝不平庸的态度，让他终于成为一位著名的医生，还创立了世界驰名的约翰·霍普金斯医学院。

当然，他就是威廉·奥斯拉。他在被牛津大学聘为医学教授时说："其实我很平凡，但我总是脚踏实地在干。从一个小医生开始我就把医学当成了我毕生的事业。"

从这里我们更加深刻地体会到，影响一个人成功的最重要因素是一个人的态度。任何一家有前途的公司，都会有一种竞争机制，不会让那些碌碌无为的庸人有滥竽充数的机会。人的能力有大小，但只要你努力工作，每个公司都会为那些平凡而努力的人提供机会。

无论你现在正从事什么工作，都要将它视为你毕生的事业来对待。不要以为"事业"都是伟大的、让人津津乐道的壮举。正确地认识自己平凡的工作就是成就辉煌的开始，也是你成为出色雇员最起码的要求。

无论多少平凡的工作，只要从头至尾彻底做成功，便是了不起的事业。

假如踏踏实实地做好每一件事，那么你绝不会浑浑噩噩地度过一生。

我们都是平凡人，只要我们抱着一颗平常心，踏实肯干，有滴水穿石的耐力，我们获得成功的机会，肯定不少于那些天资优异的人。

美国总统罗斯福曾说过："成功的平凡人并非天才，他资质平平，却能把平平的资质，发展成为超乎寻常的事业。"罗斯福的话在许多老教授的经历中得到了最好的诠释。

有一位老教授说起过他的经历：

在我多年来的教学实践中，发觉有许多在校时资质平凡的学生，他们的成绩大多在中等或中等偏下，没有特殊的天分，有的只是安分守己的诚实性格。这些孩子走上社会参加工作，不爱出风头，默默地奉献。他们平凡无奇，毕业后，老师同学都不大记得他们的名字和长相。但毕业后几年或十几年中，他们却带着成功回来看老师，而那些原本看来有美好前程的孩子，却一事无成。这是怎么回事？

我常与同事一起琢磨，认为成功与在校成绩并没有什么必然的联系，但和踏实的性格密切相关。平凡的人比较务实，比较能自律，所以许多机会落在这种人身上。平凡的人加上勤能补拙的特质，成功之门必定会向他大方地敞开。

一个人如果有了脚踏实地的习惯，具有不断努力学习的性格，并积极为一技之长下工夫，那么成功就会变得容易起来。一个肯不断提高自己能力的人，总有一颗热忱的心，他们甘做凡人小事，肯干肯学，多方面向人求教。他们出头较晚，却在各种不同职位上增长了见识，扩充了能力，学到许多不同的知识。

有这样一位年轻人，他总是被公司当做替补队员，哪儿缺人手就被调到哪儿，自己的能力无法正常发挥。这位先生沮丧地向现在已是一家公司的人力资源部经理的同学诉苦道："这样值得继续干下去吗？我觉得自己的专长无法发挥出来。"昔日同学很认真地告诉他，你经常被调到不同岗位磨炼，是辛苦的，但只要你努力肯学，应该也能胜任，否则你的公司不会做这样的调度。如果你在工作中的表现第一是努力，第二是努力，第三还是努力，那么过不了多久，公司员工之中磨炼最多的是你，能为公司贡献才智的也是你，你应该有这种认识。最后，同学又口授他一条成功秘诀：肯干就是成功，患得患失，拈轻怕重，就会失去成长的机会。受苦是成功与快乐的必经历程。这位年轻人干下去了，他干得很起劲，一年后，他终于成为公司最耀眼的新星。

平凡但肯干肯学的人，必然博学多闻。肯干，还要能干；能吃苦，还要会吃苦；要热爱工作，还要享受工作。肯干、能吃苦和热爱工作已是20世纪五六十年代的观念，而能干、会吃苦和享受工作则是新经济赋予我们的理念。

人才是磨炼出来的，人的生命具有无限的韧性和耐力，只要你始终如一、脚踏实地做下去，无论身在怎样的平凡处境，无论大事或小事，都不放松自我，不自暴自弃，你便可以创造出令自己和他人都震惊的成就。

"不积跬步无以至千里，不积小流无以成江海。"凡成就一份功业，都需要付出坚强的心力和耐性，你想坐收渔利，那只能是白日做梦；你想凭侥幸靠运气获取丰硕的果实，运气永远不会光顾你。

只有全情投入工作，视平凡的工作为终生的事业，充分焕发热情，你才能告别平庸的生活，最终享受不平凡的成功。

积极心态开启能量之门

无论做什么样的工作，工作程序烦琐复杂也好，简单易行也好，都需要我们保持正确的工作态度，认真、敬业、勤奋，这些品质任何时候、任何场合都不会过时。

员工的态度决定他的工作表现，而优秀与卓越的态度会直接影响到整个团队的凝聚力、向心力，并能推动企业的良性发展。

企业如同一棵参天大树，如何生长需要我们的共同努力、供给养料。但是那些态度不良的员工就是企业里的蛀虫，如果不及时"除害"，恐怕真的会发生"蚍蜉撼大树"的事情。

张明是通讯部新来的主管，良好的教育背景和多年的从业经历，以及在工作上所显露出来的过人才华，使他很快就成为公司的明星人物。然而过了不久，大家发现：

他的手机总是叮叮作响，仿佛有接不完的私人电话，和下属的谈话也老是被这样的电话打断。时间长了，同事们都颇有微词。

部门例会，他迟到了，不是像其他人那样谨慎地点头致歉，而是旁若无人地走进会议室，依然嚼着口香糖；当其他同事发言时，他不是懒洋洋地靠在椅背上，就是拿着笔在纸上涂鸦。

张明在项目决策上很难听取其他人的意见。同事们也承认大多数时候他提出的方案是相当有创意的，但他对于其他方案所流露出来的不屑一顾的态度，却怎么都让人难以接受。

几个月后，通讯部经理调到其他部门，通讯部经理一职虚位以待。张明认为自己自然是首选。但结果，他落选了。在讨论这一职位的人选时，总经理认为张明"恃才自傲，难与他人合作，难以胜任经理一职"。

是的，张明确实已经具备了过人的才能，但他在工作态度上却出了问题。张明式的人物很难给公司带来活力与动力，他自己在公司也很难获得更大的发展。

企业需要的是那种既有才能，又有良好的态度，并且能够适应企业需求的人。江勤就是这样一位很受企业欢迎的员工。他不但用卓越的态度塑造了良好的职业形象，而且还带动了部门甚至整个企业的发展。

江勤是贸易部的经理，公司的大忙人，不论是出货进货的细节，还是与国内外客户的接触，他都认真对待，毫不含糊。对于本部门的内部事务也都处理得井井有条。如果发现同事工作上遇到了什么难题，或是因情绪波动而影响工作，他都会耐心地询问，并积极地帮他们解决问题。在他的带领下，贸易部每年的业绩都是全公司最好的。

江勤要求自己用积极的态度投入到每一份工作中，他希望通过自己的努力，贸易部甚至公司都能有更好的发展空间。事实上，这一切都在悄然进行着，在扩大公司发展空间的同时，他也为自己开创了更广阔的平台。

在企业这棵大树上，我们就像树上的枝丫。只有企业繁荣了，才有我们的枝叶繁茂。我们与企业的关系不是此消彼长，而是同荣辱、共存亡。所以，我们应时时刻刻对自己严格要求，用最卓越的态度面对工作、面对企业，用自己的责任与努力推动企业的发展。

第二节　七项修炼，引爆心态的惊人力量

剥丝抽茧，看清自己

你对自身了解吗？你对你自己的人生有规划吗？那些规划在实施过程中顺利吗？你知道哪些是适合你的，哪些又是不适合你的吗？把自己放在一个透明的正方体中，仔细地观察自己，你会发现许多你没有开发出来的"不可能"。

人生就是如此，我们只有不断地揣摩，不断地对自身进行挖掘，才能够更清楚地看到自己，才能够发现自己的更多面，就像诗中所言"横看成岭侧成峰，远近高低各不同。不识庐山

真面目，只缘身在此山中。"

　　每个人都有属于自己的价值，关键就要看你将价值界定在什么平台上，如果没有契合点，你就永远没有出路。

　　一天，快下班时，一位年轻的男同事找到他，对他说："我那台机器上的一个螺母掉了。"他一边答应着，一边拿上所有的维修工具走向这位同事所在的操作间。他刚到达那里，下班的铃声就响了。那台机器除了需要安装一颗小小的螺母外，并没有什么大毛病，他不想为此把手弄脏，所以决定第二天上班时再来安装这颗螺母。

　　第二天上班时，他再次来到那个操作间。没想到，他的老板正站在那位同事的机器旁边，并且态度严厉地对他说："你必须在两分钟之内让机器正常运转！"

　　他心想：换个小小的螺母再简单不过了，哪能用得上两分钟，只要一分钟便足够了。但出乎意料的是，他在一大盒的螺母里找来找去，却找不到一个与机器上的螺钉型号相配的。他又急又尴尬，不知该对老板说什么好。老板很生气，严肃地对他说："对于这台机器来说，只有和那个螺钉相吻合的，才可以称之为螺母，其他的不过都是废铁而已。你那个盒子里装着的就全是废铁，连一个螺母都没有！工厂就像这台机器，工人就是这台机器上的螺母，螺母虽然简单，却是不可缺少的！"

　　这位老板用形象的比喻，说明了这样一个道理：一个人只有在自己的职位上充分发挥作用，才能体现出他的真正价值，成为合适的"螺母"；反之，如果一个人占据的位置不能体现相应的价值，那么他就只是"废铁"而已。

　　有些人无法在工作中取得成绩，并不是因为他们的能力不够，也不是因为他们付出的努力太少，他们也曾辛辛苦苦地做过许多事情，只不过，他们所做的一切对于自己所在的职位来说都是无效的。

　　社会上的各行各业都存在着错位的现象。如果你在自己所在的职位上无法创造出相应的价值，或者这个职位不能让你的生命价值得到体现，那么，你最好另作打算，否则你迟早都会面临失业的危机。

错位会导致一个人无法成为与自己所在位置相匹配的"螺母"，但我们绝不能因此而偏执地认为，一个人在这个职位上用尽全力却毫无成绩，他就不可能再在别的职位上有所作为。一个人相对于这个职位来说没有价值，并不等于他在其他的职位上也没有价值。有一句名言叫做"天生我材必有用"，无论是谁，只要找到了真正适合自己的位置，就一定能够让自己成为有价值的"螺母"。

所以，如果你发现自己在工作中消耗了大量的时间和精力，却没有取得应有的工作业绩，那么就应该认真地问问自己："我是不是与所在的职位相匹配的螺母？"假如你内心的答案是否定的，那么你就要大胆地做出选择，放弃现在这个不合适的位置，重新选择新的合适的位置。

扫清心态障碍无死角

清理影响你成功的种种障碍，只有不留死角，你才能获取你梦想的果实。

只要有好心态，就不怕没有荣耀的将来；只要有好心态，就不怕事情做不成。好心态是排除万难，取得成功的法宝。

好心态可以助你成功，不良心态则是你成功的障碍。那么，哪些是不良心态呢？

1. 阻碍成功的消极心态

你自己是否有过这样的抱怨：这个世界应该对我的失败负责！

如果是这样，你就该暂停这种想法，再次考虑一下。你要想想你的问题由世界负责呢，还是该由你自己负责。我们每一个人都应该如此，静下心来好好想想让我们失败的因素是什么？其实是我们自己，是我们消极的心态。这种心态常常使我们退缩不前。要想取得成功，我们就必须牢牢地树立一种积极向上的成功心态，彻底清扫和控制住消极的失败心态。你可以把你的法宝从"消极心态"那面翻到"积极心态"那面，从而排除心理蛛网——消极的感情、情绪、喜好、倾向、偏见、信条、习惯。

你要相信，你就是你所想象那种人。你的思想决定你的心态是积极的，还是消极的。

2. 危害健康的贪婪心态

金钱并不能买到健康，只有积极的心态才能促进心理健康和生理健康，才能有强大的不可抗拒的力量走向健康与成功。

贪婪心态从某种程度上讲，是一种无知，它意味着犯罪、疾病和死亡，因为财富本身并不能购买到健康。有很多人终其一生都在为财富奔忙，他们对金钱的渴望，远远超出了他的能力范围，最后导致身心皆累，为此付出了惨痛的代价。

因此，要在你的内心发展积极心态以致它能从你的有意识心理逐渐渗透到你的下意识心理。如果你这样做了，你将发现在你需要时和情况紧急时，甚至在生命最危险的时刻，它将自动地出现在你的下意识心理中。

3. 使人甘于平庸的舒适心态

每个人心里都有一块让自己歇息的舒适区。一般来说舒适区有以下几个特征：舒服，痛苦和压力相对较少；在自己可控制范围内，可以适当地为自己紧凑的生活进行调节。在这个区域内，你会觉得很安全，很放松，不被打扰，不被人指责，可以做一些自己喜欢的事情。

但是当你舒适区的范围越来越大时，它就会给你制造出一种盲目优越于他人的假象，这样当你一旦越过了你的舒适区，你就会感到不安全、压力、焦虑，甚至恐惧。

如果我们始终待在舒适区内，保持着原有的心态，这当然会让我们觉得很舒适、很安全。但是，目标永远在舒适区之外。如果我们想要实现我们的目标，就必须不断地突破舒适区。

4. **使人看不到未来的近视心态**

近视应该是一个很容易被理解的词，我们有很多人深受其扰。但是你知道心态也存在近视疾患吗？

如果一个人只能看到近处的东西，却看不到远处的东西，就是一个心理近视的人，就会让许多机会白白流失，这样的人需要有积极的心态克服心理近视，才能在更多事情上取得成功。当你的心理视觉歪曲时，你必然就像在一层虚假概念的薄雾中东奔西窜，就会不必要地伤害自己和别人。

不要近视，特别是心灵近视——要看到未来，你才能明确自己通往成功的道路。

5. **面对压力产生的焦躁心态**

要生存，就要面对压力，压力来自方方面面，在现代生活中每个人都有可能面临它，如何克服来自各方的压力呢？成功人士的成功方法是调整心态，将压力变为动力，将消极失败的想法变为积极奋进的努力。

面对压力障碍时我们需要做的第一件事便是，站起来反抗它！不要因它而抱怨，更不要被它所压制。

通常一般人在情况好时均能保有力量，但是在情势不佳时，面对困难的能力往往会顿减或丧失。因此，设法持续保有战斗力便是关键所在。

当然，以上只是我们分析的几个方面，如果我们想更快速地获得成功，就要全面地清除掉那些影响我们成功的心态障碍，要记住，当你面临所有问题时，你必须首先从检查你自己开始。既然问题是无法避免的事实，无论我们喜不喜欢，它都会发生在我们身上，所以不安、愤怒甚至抗拒的心态，都只会成为阻挡我们前进的障碍。

因此，当阻碍成功的困难来临时，我们应该转变自己的心态，以积极乐观的姿态去面对，并主动采取新的措施去顺应变化后的世界。当我们"放下自我"，勇敢地迈向自己不安全的未知领域，才能有机会开拓一片崭新的天地！

驾驭自己的人生

哲人说："你的心态就是你真正的主人。"

一位伟人说："要么你去驾驭生命，要么是生命驾驭你。你的心态决定谁是坐骑，谁是骑师。"

一位艺术家说："你不能延长生命的长度，但你可以扩展它的宽度；你不能改变天气，但你可以左右自己的心情；你不可以控制环境，但你可以调整自己的心态。"

良好的心态体现在许多方面，一个人的人生如果有好心态来护航，那么，他的人生中就不存在不可能的事。

迈克和彼得是很好的朋友，两人的性格有很大的不同。迈克性格开朗豁达，对什么事情都很容易产生好奇；彼得比较内向，平时少言寡语，每到一个新环境总会产生一些抗拒心理。他们两人大学毕业后，被一家销售公司同时录用。

进公司不久，迈克就和同事们打成一片，遇到不懂的问题，迈克积极请教，前辈们也乐于帮助这个有上进心的青年，所以，迈克工作起来也算得心应手。彼得则完全不一样，他沉默寡言，人际关系自然有些糟糕，这在很大程度上影响了他的工作业务。一个月之后，公司给新进的一批员工制定了一个指标：订单量超过考核标准的员工，不仅有丰厚的奖金，而且还会得到晋升的机会；达不到考核标准的员工，将予以解雇。

这条消息出来之后，迈克的工作劲头更足了。他每次经过办公主任的房间时，总忍不住向里面看一眼，他告诉自己："一定要努力地工作，要不了多少日子，我一定可以坐在独立的办公间里工作，也一定能让自己的生活更加美好。"这样的想法就像是一支强心剂一般注入了迈克的体内，他变得更加强大起来。但这个消息在彼得听来却像是一记重拳，狠狠地打在他的胸口。他不禁沮丧起来："天哪，这怎么可能完成呢，看来我真的要被解雇了。"

相信好心态的能量，如果你不甘于平庸一辈子，就要勇于做一个爆破手，引爆你的心态能量，让你的人生充满无限可能。

何谓好心态？

首先，当然是乐观的心态。

人的一生不可能一帆风顺，所以生活中的困难和挫折在所难免，而且通常机会也总是会伴随着困境一起出现。如果没有乐观的心态，就没有办法发挥自己的能量，揭开困难的面纱，获得成功的机会。

成功的人还都拥有自信的心态。

古往今来，许多人之所以失败，究其原因，不是因为无能，而是因为不自信。自信是一种力量，更是一种动力。当你不自信的时候，你难于做好事情；当你什么也做不好时，你就更加不自信。这是一种恶性循环。若想从这种恶性循环中解脱出来，就得与失败作斗争，就得树立牢固的自信心，只有自信的人才能够充分地发挥自己的潜能。

作为一个渴望成功的人，我们还需要有进取的心态。

有进取心就要有所行动，心动不如行动，虽然行动不一定会成功，但不行动则一定不会成功。生活不会因为你想做什么而给你报酬，也不会因为你知道什么而给你报酬，而是因为你做了什么才给你报酬。一个人的目标是从梦想开始的，一个人的幸福是从心态上把握的，而一个人的成功则是在行动中实现的。因为只有行动，才能获得滋润你成功的食物和泉水。"大鹏展翅，志在千里。"真正的成大事者，在开始人生旅途的第一步，就已经确立了远大的志向。跑长跑和赛短跑，所采用的方式是不一样的,所到达的终点也是不一样的。总是想走得更远的人,才有可能走得更远。

平和的心态也是一种弥足珍贵的心态。

人生不可能一帆风顺,有成功,也有失败;有开心,也有失落。如果我们把生活中的这些起起落落看得太重,那么生活对于我们来说永远都不会坦然,永远都没有欢笑。人生应该有所追求,但暂时得不到并不会阻碍日常生活的幸福,因此,拥有一颗平常心,是人生必不可少的润滑剂。

好心态还包括从容的心态。

"命里有时终须有,命里无时莫强求。"不要去强求那些不属于自己的东西,要学会适时地放弃,从容地面对。也许在你殚精竭虑时,你会得到曾经想要得到而又没得到的东西,会在此时有意外的收获。适时放弃是一种智慧。它会让你更加清醒地审视自身内在的潜力和外界的因素,会让你疲惫的身心得到调整,成为一个快乐明智的人。什么也舍不得放弃的人,往往会失去更加珍贵的东西。适当的时候,给自己一个机会,从容地放弃,才有可能获得。

还应该拥有感恩的心态。

我们不可能一个人生活在这个世界上,有许多事情没有别人的帮助根本无法完成。所以,我们要饮水思源,知恩图报,对这个世界怀抱一颗感恩的心。

感恩是一种心与心的连接,它能让自己的能量通过连接更多的心而不断增大。

当然,好的心态并非仅仅只有这些,如果你能通过上面的阐述举一反三,你还会发现更多的好心态。简单来说就是,与目标一致的心态就是好心态;反过来,不好的心态就需要调整,直到适应你的目标。

生活中,一个好的心态,可以使你乐观豁达;一个好的心态,可以使你战胜面临的苦难;一个好的心态,可以使你淡泊名利，过上真正快乐的生活。人类几千年的文明史告诉我们，积极的心态能帮助我们获取健康、幸福和财富，也能让我们一路从容地走向成功。

人生大智慧：能自省方自知

人们都有一种心理，不愿被别人所改变，即便是自己错误的思想，也因此不愿去改变别人。其实，自省是反抗的前提，反抗又能促进自己和更多的人自省。但凡成功的反抗者，无一不是成功的自省者。

古希腊哲学家苏格拉底说："未经自省的生命不值得存在。"生命的意义在于觉悟、自省、进取，苏格拉底将生命中的大部分时间用于自我检查，他也因此而成了一代伟人。

自省是对自身思想、情绪、动机和行为的检查，是自我道德修养的方法，能够让人进一步认识自己而不迷失自我。自省是一面镜子，将我们的错误清楚地照出来，我们才能加以改正。

《爱与时尚》里的女孩说："人总是要变的。要么改变别人，要么改变自己。"改变别人叫反抗，改变自己叫自省。我对"改变"的看法大致如此。人是社会的人。每个人都有自己的需要和利益，但在进入社会之后这些需要必须与其他人妥协。一个不顾及他人感受与需求的人，必然是一个不受欢迎的人。同时，为了被社会接纳，人也需要不断地调整自己，完善自己，使自己成为一个能很好实现自身价值的人，快乐的人。自省的作用就是这些，可以说它对每个人都是必要的。

有一天，一个青年在街角的报亭借用电话，他用一条手帕，盖着电话筒，然后说："是王公馆吗？我是打电话来应征做园丁工作的，我有很丰富的经验，相信一定可以胜任。"电话的接线生说："先生，我恐怕你弄错了，我家主人对现在聘用的园丁非常满意，主人说园丁是一位尽责、热心和勤奋的人，所以我们这儿并没有园丁的空缺。"

青年听罢便有礼貌地说："对不起，可能是我弄错了。"跟着便挂了电话。

报亭的老板听了青年人的话，便说："青年人，你想找园丁工作吗？我的亲戚正要请人，你有兴趣吗？"

青年人说："多谢你的好意，其实我就是王公馆的园丁，我刚才打的电话，是用以自我检查，确定自己的表现是否合乎主人的标准而已。"

自省就是一种自善的过程。自省的最终目的是利他。所以，自省是需要通过努力才能达到的人格境界。

自省需要一颗平等的心。承认自己只是众生中的一员，只是一个普通人而已，无论你地位怎么高、财富怎么多、头脑怎么聪明，你依然只是个普通人，因为离开了他人，你的这一切都毫无意义。从这个意义上说，每一个生命，即使再渺小、再卑贱的生命都是高贵的，都是不可替代的。所以，你得尊重他人，尊重一切生命，认识自己不过是人群之中，甚至是地球生命之中一个渺小、卑微的个体而已。你在追求自身的权利和利益的时候，也得保障他人的权利和利益；你在别人那里获得了光和热，你也得给别人同样的光和热。

但人类自利的天性，却常常令自己看不见别人，而财富、地位、名誉等更使得凡俗之人像苍蝇逐臭、飞蛾扑火那样，急急惶惶，前仆后继，哪里还能顾及别人，甚至早已忘掉了自己。

其实，"省"就是"小自"，把自己看得小一点、矮一点，然后才能看得见他人，看得见自己以外的生命。

"省"也就是"少目"，尽量少用眼睛，多用心灵去看去思考。

自省需要我们的心灵一片宁静，需要我们的情愫一片真诚，道存心底再观世界。表面的光辉与浮华太过刺眼，因为它挡住了真实；夸张的色彩与线条太过喧闹，因为它只折射出炫目的光彩，隐藏了致命的暗伤。那么，我们如何超过尘世的眼睛来重新审度？宁静而后知"至远"，淡泊而后知"明志"，让我们睁开心底的那双自省的法眼，从一颗淡泊宁静的心出发来观察我们的生活，来享受我们的人生。

圣人常说：能自省者方自知。让我们从自省做起，读懂人生大智慧这本书。

不要辜负了活着的机会

珍惜生命。"人生天地间，忽如远行客。"一个人的生命只有一次，相对于天地之悠悠，一个人的生命是短暂的，失去了就无法挽回。生命又是脆弱的，一不小心就可以让鲜活的生命顷刻间画上句号。

人和动物的区别之一就在于人类有着明晰的死亡意识，也正由于这种意识，才使人对生命倍加珍惜，努力成就自己的一生。

热爱生命。现实中的人总会碰到各种磨难、痛苦、失意和挫折，要面对来自家庭、学校、社会等各方面的压力。这种时候，一个人如果能够正确对待，把种种不如意看做生命必须经历的一部分，那么负面的东西就可能转变成积极的因素。

比尔在一次意外事故中眼睛受了伤，视力不断下降，几个月后将完全失明。妻子为了给他能见到光明的日子里留下点什么，决定把家具和墙壁粉刷一遍。

于是，妻子请来了一个油漆匠，希望他能把这间房子粉刷得鲜亮明快。油漆匠是个断了半只胳膊的残疾人，他很感谢比尔太太给他的工作机会，工作起来非常认真。残疾的油漆匠每天都开开心心的，他一边干活一边吹着口哨，好像从来没有什么烦恼的事情。

一个星期后他完成了粉刷工作，其间也知道了比尔的情况。

比尔对油漆匠说："你天天那么开心，也让我感到高兴。"算工钱时，油漆匠少算了100美元。比尔不解："你少算了工钱。"油漆匠说："我已经多拿了，一个即将失明的人还这么平静，你让我知道了什么叫勇气。"比尔却坚持要再给油漆匠100美元，他说："我知道了残疾人也可以自食其力，活得很快乐。"

珍惜生命，尊重与珍惜生命的价值，热爱与发展每个人独特的生命，并将自己的生命融入社会之中，树立起积极、健康、正确的生命观。珍惜生命、敬畏生命，才可能培养起坚定的理想信念，才可能以博大的胸怀和坚忍的毅力去实现个体的生命价值，为社会创造幸福。

但许多人缺少的就是耐挫力，所以他们经常抱怨"累""没意思"，存在消极、懈怠心理，这些都是对生命不负责的表现。我们要学会热爱生命，不管遇到多大的灾难，也都要给自己找到无数的生存理由，把非理性选择的依据一个个排除掉。我们要学会坚强，学会抗争，学会发现生活的真谛，从而保持旺盛的生命意识和积极的人生态度。

生命的价值首先是基于生命的存在，在此基础上才能发展和提升生命的价值。每一个人都要防止任何可能伤害生命的行为发生，保护好自己的生命。

早晨，一个伐木工人照常去森林里伐木。他用电锯将一棵粗大的松树锯倒时，树干反弹重重地压在他的腿上。剧烈的疼痛使他觉得眼前一片漆黑。

此时，他只知道，自己首先要做的是保持清醒。他试图把腿抽出来，可办不到。于是，他拿起手边的斧子狠命地朝树干砍去，砍了三四下后，斧柄断了。他又拿起电锯开始锯树。但是，他很快发现：倒下的松树呈45度角，巨大的压力随时会把电锯条卡住；如果电锯出了故障，这里又人迹罕至，别无他路。他狠了狠心，拿起电锯对准自己的右腿，自行截肢……

难以名状的疼痛让伐木工人晕了过去，等他醒来之后，他用最快的速度简单地包扎了伤口，他决定爬回去。一路上，他忍着剧痛，一寸一寸地爬，一次次地昏迷过去，又一次次地苏醒过来，心中只有一个念头：一定要活着回去。

如果我们清清楚楚地看到了死神正一步步向你走来，最先垮下来的或许就是精神。但伐木工没有表现出死神即将来临的恐慌，他展现给人们的是一个对生命充满希望的形象。

生命是一个不能预期的过程，这个过程中充满着未知的苦难和挫折，每个人都必须承受生活中所有的挫折和痛苦，好好活着，用每一分每一秒来善待生命。勇敢地生活，勇敢地面对人生中所有的困苦，敢活有时比敢死更可贵，因为生命是短暂的，因而也是宝贵的。在这短暂而又宝贵的生命里，应善待生命，好好活着，抓住生命中每一瞬间，不应选择消极的方式结束生命，却私自将痛苦和迷惘长久地留给亲人和世界。

我们都明白一个道理：生命一旦结束，便无法再来，所以生命是无价之宝，是任何东西都无法替代的。既然如此，我们应在有生之年，善用上苍赋予的生命，为自己，也为社会做出点贡献，才不至于辜负那些为我们生命付出心血的人。所以，我们要用积极向上的乐观心态，来行使生命的权利，尽情地享受生命的过程，精彩演绎生命中的每一天。

时刻享受你的人生

我们常听人说："在人生的旅途上，别忘了驻足片刻，欣赏路边绽放的玫瑰。"但现代人忙碌得如陀螺打转，又有多少人曾放慢脚步，注意身旁美好的事物呢？我们脑里装的尽是排得密密麻麻的行程表，整日为工作烦心，还要被乌烟瘴气的交通搞得头顶冒烟，在这种情况下，我们几乎忘了身旁还有他人存在。

美国诗人惠特曼说："人生的目的除了去享受人生外，还有什么呢？"

　　林语堂也持同样看法，他说："我总以为生活的目的即是生活的真享受……是一种人生的自然态度。"

　　生活本是丰富多彩的，除了工作、学习、赚钱、求名，还有许许多多美好的东西值得我们去享受：可口的饭菜，温馨的家庭生活，蓝天白云，花红草绿，飞溅的瀑布，浩瀚的大海，雪山与草原，大自然的形形色色，包括遥远的星系，久远的化石……甚至工作和学习本身也可以成为享受，如果我们不是太急功近利，不是单单为着一己的利益，我们的辛苦劳作也会变成一种乐趣。

　　尽情地享受生活，让我们把眼光从"图功名""治生产"上稍稍挪开，去关注一下上帝加于我们生命、生活中的这些美好的事物。

　　据说恺撒与亚历山大就是在战事最繁忙的时候，仍然充分享受自然的正当的生活乐趣。他们认为，享受生活乐趣是自己正常的活动，而战事才是非常的活动。

　　文艺复兴时期，法国著名思想家蒙田认为，他们持这种看法是明智的。"这不是要使精神松懈，而是使之增强，因为要让激烈的活动、艰苦的思索服从于日常生活习惯，那是需要有极大的勇气的。"

　　蒙田更提出："我们的责任是调整我们的生活习惯，而不是去编书；是使我们的举止井然有序，而不是去打仗、去扩张领地。我们最豪迈、最光荣的事业乃是生活得写意，一切其他事情——执政、致富、建造产业，充其量也只不过是这一事业的点缀和从属品。"

　　努力地工作和学习，创造财富，发展经济，这当然是正经的事。享受生活，必须有一定的物质基础。只有衣食无忧，才能谈得上文化和艺术。饿着肚子，是无法去细细欣赏山灵水秀的，更莫说是寻觅诗意。所以，人类要努力劳作。但劳作本身不是人生的目的，人生的目的是"生活得写意"。一方面勤奋工作，一方面使生活充满乐趣，这才是和谐的人生。

我们说享受生活，不是说要去花天酒地，也不是要去过懒汉的生活，吃了睡，睡了吃。如果这样"享受生活"，那才叫糟蹋生活。

享受生活，是要努力去丰富生活的内容，努力去提升生活的质量。愉快地工作，也愉快地休闲。散步，登山，滑雪，垂钓，或是坐在草地、海滩上晒太阳。在做这一切时，使杂务中断，使烦忧消散，使灵性回归，使亲伦重现。用乔治·吉辛的话说，是过一种"灵魂修养的生活"。

爱因斯坦刻苦地攀登科学高峰，他也没忘了时时拉拉小提琴，让心灵沉浸在美妙的音乐里。会处理生活的人，一定懂得怎样给自己安排一片不受干扰的属于自己的小天地。在这里，你可以想你所要想的，做你所要做的，躲开一切你所要躲开的，逃避一切你所要逃避的。这片小天地就是你寄托灵魂，做真正的自己的地方。

给自己的灵魂找一个寄托，那并不是消极的逃避，那正是一种积极的养精蓄锐。正如有位名人说的"我休息是为了工作。"我们也是一样，让灵魂去休息一下，养一养它在尘间奔波所受的伤，然后好再去奔波。

我们几乎很难找到一个人，能够成天只做他自己喜欢的事，过他自己所愿意过的生活。

每个人都必须被动地做些他并不想做的事，表演一些他并不喜欢表演的角色，过一种他所不愿过的生活。所以，我们发现，有些人一有时间就抽烟，有些人一有时间就看小说，有些人一有时间就写文章。这些一有时间就想做的事，才真正是他所喜欢做的事。但是，因为他必须应付许许多多生活中的琐事，他没有充分的时间和自由去只管做他所喜欢做的。因此，这些小小的嗜好，就成为他生活中的一点寄托。

他从这里面找到他自己，得到生活的真味，暂时忘掉了世界的烦恼喧嚣。

假如你懂得生活，同时你也懂得自己，那么，你一定会在生活中找到那么一点使你安心，使你忘忧，使你沉醉的所谓寄托。

这寄托有时很容易找到。一本书、一张唱片、一支笔、几张纸、或集邮、或摄影、或游山玩水，只看你兴趣近于哪方面，只看你是否诚心去找。

共赢启动成功

一个人要有共赢意识，人生的成功才能得到最完整的发挥。

成功必须从欲望出发，而欲望是通过行动来实现的。成功的开始，就在于我们独处时候的所思所为，而真正成功的奉献，则会凌驾于一己之私之上。圆通成熟的个性，不可避免地会在对服务人群的献身上表现出来，它开始时可能是一种内在的精神较量，继而向外寻求更丰富的知识和谅解。成功并不是我们独自的拥有，也不是行为的本身，它是用来判定我们本身价值的东西。

当一个人能公开对自己及他人承认，并非自己能独立获得这些成就，所以不能独享荣耀时，一种完美和谐的感觉会在其内心和人际关系中逐渐浮现。相互的感激与温暖的友谊使彼此不但共享成功的果实，且借由相互鼓励而不断地成长。

只要当过足球守门员都知道，球队的胜利不是他一个人的功劳。大部分的足球守门员都了解队友在前线防守的重要性。因为有了队友的防卫，球才不会轻易地被对方抢走，自己才可能打出漂亮的成绩。那些清楚这个事实，并能公开、大方地赞美队友的人，是值得嘉许的，因为在他们身上具有令人赞赏的风度及雅量。

每位父母都知道，即使拥有财力的单亲家庭也不可能独立地抚养一个孩子长大成人。有智慧的父母懂得感谢别人对她的帮助，无论这些帮助是来自于师长、邻居或亲朋好友。这样做并不会贬低父母的价值，相反的，他们为孩子开启了一扇窗，让孩子了解每个人都可能在其生命中扮演重要的角色。他们教导孩子尊敬及看重他人，同时，父母也因此在这个抚养的过程中，感受着来自他人的帮助与支持。

每位企业领导者都知道，他的成功是员工们一起努力的结果。大方地赞许这件事吧！感谢那些每天勤奋工作的人，为他们喝彩，称赞那些为这个团体努力工作的人，因为嘉许员工，和他们分享成功，公司会得到更多。

可见，要想获得成功，就要学会与人分享。即使在竞争中，也是如此。

合作与竞争，可以说伴随着人类的出现而几乎同时出现。"物竞天择，适者生存"，这是竞争的本质和普遍规律，也是自然界、人类社会得以前进的动力所在。竞争是与人争利，合作则是与人共利。看似矛盾的两者其实相生相克，互为补充。在成功的道路上，合作与竞争有许多相通的地方。

从原始社会到今天的社会主义社会，合作与竞争不仅没有削弱，消亡，相反，随着时间的推移和社会的进步，合作与竞争的趋势在增强。随着人类生存空间的不断拓展，交往的不断扩大，科技的不断发展，合作与竞争的联系也在日益加强。在向知识经济时代过渡的征途中，高科技的发展水平和发展速度已经超乎了人的想象，不论是国与国之间、组织与组织之间，抑或是具体的个人之间，竞争与合作已经成了不可逆转的大趋势。

实际上，任何一个人，任何一个民族、国家都不可能独自拥有人类最优秀的物质与精神财富，而随着人们相互依赖程度的进一步加深，那种一人打天下的思想多少显得有些幼稚。封闭的个人和孤立的企业所能够成就的"大业"将不复存在，合作与团队精神将变得空前重要。缺乏合作精神的人将不可能成就事业，更不可能成为知识经济时代的强者。

我们只有承认个人智能的局限性、懂得自我封闭的危害性、明确合作精神的重要性，我们才能有效地以合作伙伴的优势来弥补自身的缺陷，增强自身的力量，才能更好地应付知识经济时代的各种挑战。比如说，当年微软和苹果争雄时，因为微软公司的"兼容"，允许各大电脑厂商使用自己的操作系统而使自己迅速发展为世界软件业巨头，相反，苹果的"不兼容"则使自己的路越来越窄。

如今的成功，不再是孤立的含义，在全球化的浪潮中，共赢成为主流，而如果想要与人共赢，就必须与人分享，在分享中微笑竞争。

第七章

发挥情绪的作用，改变命运

第一节　提升情商，在沟通中彰显情绪作用

情商体现的是一种沟通能力

有高情商的人，往往都是一些影响力很强的人。那么情商是什么，影响力的本质又是怎么回事，他们之间又呈现着怎么样的关系呢？

情商是什么？关于这个问题，不同的人有不同的看法。

美国的两位心理学家比德·拉勒维和约翰·麦耶提出了情商这一概念，情商又称为情绪智慧、情绪智力，是一种心理素质，这是一个人感受理解、控制、运用表达自己以及他人情绪的一种能力。

对于情商，不同的人说法不完全相同，但从很多人的说法中，我们基本可以给情商下一个简单的定义，那就是人们控制自己情绪和影响别人情绪的能力。

凯文·米勒小时候学习成绩不好，高中毕业时靠着体育方面的才能，才勉强进入芝加哥大学学习。许多年后，在他公开的日记中有这样的记述："老师和父亲都认为我是一个笨拙的儿童，我自己也认为其他孩子在智力方面比我强。"可是，凯文·米勒经过多年的努力，却成为美国著名的洛兹集团的总裁。

那么，是什么让他从平凡走向卓越的呢？是情商。

达尔文在他的日记中说："教师、家长都认为我是平庸无奇的儿童，智力也比一般人低下。"但他成了伟大的科学家。

爱因斯坦在 1955 年的一封信中写道："我的弱点是智力不好，特别苦于记单词和课文。"但他成了世界级的科学大师。

洪堡上学时的成绩也不好，一次演讲中他说道："我曾经相信，我的家庭教师再怎样让我努力学习，我也达不到一般人的智力水平。"可是，二十多年后他却成为杰出的植物学家、地理学家和政治家。

你见过熟练的锁匠干活吗？简直就跟玩魔术一样。

他摆弄一把锁，能听到一些你听不到的声音，看到一些你看不到的东西，感觉到一些你感觉不到的情况，不一会儿，他就了解了锁的整个结构，并且把它修好。

一个情商很高的交流者也是这样工作的。他可以了解任何人的内心组合——可以像锁匠那样考虑、思索，从而构建出别人的内心结构。

你必须看到你以前没有看见过的东西，听到你以前没有听见过的东西，感觉到你以前没有感觉到的东西，提一些你以前没有提过的问题。如果你恰到好处地做到这些，你就能了解任何人在任何状态下的策略，就会知道如何准确地向别人提供他们需要的东西。

了解别人策略的关键就是要注意他们的言行举止。要知道，人们将把你想知道的有关他们策略的一切信号都传达给你，有时是通过语言，有时是通过行动，有时甚至是通过眼神。

你可以学会巧妙地阅读一个人，就像你能学会读一本书、一本地图一样。记住，策略只不过是产生特殊结果的一种特殊组合。你需要做的，就是促使人们去感受对他的策略，同时仔细观察他们的特殊反应。

只有通过情绪感染了对方，才能对对方施以影响。

情绪的感染力无处不在，在每一次与人交往的过程中，我们都会有意识或无意识地透露着我们的情绪，彼此间接受了对方的情感信息，很容易就会受到感染。能够通过情绪感染他人的人，一定是具备高智商的人。美国作家爱默生说过，智慧的可靠标志就是能够在平凡中发现奇迹，所以，我们应该善于让每一片智慧之叶都折射出灵悟的光芒，这样我们离成功就会越来越近了。

因此，寻求智慧的源泉，探求智慧的培养方式，提高智商的指数，就成为我们立志拥有完美人生的重要组成部分。

前面我们谈过情绪具有投射作用。当一个人满怀热情与人交往时，会把更多的注意力投注在交往对象以及双方的情感互动与交流上，使两人之间的情绪同步协调，而热情者往往是主动者、控制者。

在情绪互动的过程中，高情商者往往是情绪的主导者，即由他把情绪传导给周围的人。

一位领导者是否成功胜任的一个重要标志，是他是否能鼓舞员工的士气，使他们居于一种比较积极、兴奋的情绪状态中，从而产生更好的工作绩效。

表达情绪信息，使他人顺应你的情绪步调，一般有两种形式：语言和非语言。语言本身就含有丰富的情感信息，如何组织安排语言、运用什么样的词汇与人交谈，既是一项智商，也是一项情商。

善于了解他人，知道他人的所思、所想、所感，是一个人拥有高情商的表现。高情商者在社交生活中不盲目、不糊涂，他们能够根据对方的心灵活动采取相应的对策，因而能获得良好的人际关系，取得较大的成功。

"逆境情商"帮你克服挫折情绪

真正的高情商的强者不是永远不会遭遇困难，而是身处挫折时坚强不屈。他们热爱自己的事业，不怕长途跋涉，不怕肩负重担，好似飞蛾扑火，绝不会轻言放弃。

为自己设置启动好情绪的程序，当我们身处逆境时，及时启动，我们就不会陷入被动的境地。

山里住着一位以砍柴为生的樵夫，在他不断地辛苦建造下，终于完成了一间可以遮风挡雨的房子。有一天，他挑着砍好的木柴到城里交货，当他黄昏回家时，却发现他的房子起火了。左邻右舍都前来帮忙救火，但是因为傍晚的风势过大，没有办法将火扑灭，一群人只能静待一旁，眼睁睁地看着炽烈的火焰吞噬了整栋小屋。

当大火终于灭了的时候，只见这位樵夫手里拿了一根棍子，跑进倒塌的屋里不断地翻找着。围观的邻人以为他在翻找藏在屋里的珍贵宝物，所以都好奇地在一旁注视着他的举动。过了半晌，樵夫终于兴奋地叫着："我找到了！我找到了！"邻人纷纷向前一探究竟，才发现樵夫手里捧着的是一片斧刀，根本不是什么值钱的宝物。

只见樵夫兴奋地将木棍嵌进斧刀里，充满自信地说："只要有这柄斧头，我就可以再建造一个更坚固耐用的家。"

事情对我们发生什么作用，将因我们在内心发现什么来定。生命并非总是由一手好牌来决定，往往倒是由善于处理一手坏牌来决定的。

人们往往把外界的挫折看作人生中纯粹消极的、应该完全否定的东西。当然，外界的折磨与挫折不同于主动冒险，冒险有一种挑战的快感，而我们忍受折磨总是迫不得已的。然而，对于高情商的人来说，那些挫折和横逆的折磨对人生不但不是消极的，还是一种促进他们成长的积极因素。

如果你现在还在遭受这样那样的折磨，你就该庆幸，因为命运给了你战胜自我、升华自我的机会。换一种眼光来看待这些折磨吧，感谢那些在工作和生活上折磨你的人，你就会获得幸福。唯有以这种态度面对人生，才能获得真正的成功。

挫折是一笔宝贵的财富，它可以让人们的美丽增值。

英国有一名谚语是这样的："一个人如果有自己系鞋带的能力，那么他就有上天摘星星的机会。"所以无论我们遇到什么样的困难，都应当把它当成一笔精神财富，为自己的人生增值。坚持到底，面对困难永不气馁，这样才能为自己赢得机会。

苦难不会长久，强者却可长存。卢梭曾说过："人要是惧怕痛苦，惧怕折磨，惧怕不测的事情，那么他的人生就只剩下'逃避'二字。"生活中不如意的事情有很多，俗话说："不如意事常有八九。"我们一生很少有几次真正感到自己的生活一帆风顺，海阔天空。人生际遇不是个人力量所能左右的，而在诡谲多变、不如意事常八九的环境中，唯一能使我们迎接挫折而不被其击倒的办法，就是调动我们的好情绪，去正视它，接受它。

史铁生说："对困境先要对它说'是'，接纳它，然后试着跟它周旋，输了也是赢。"情绪也是如此，勇于向自己的坏情绪宣战，你就已经迈出了成功的第一步。

理解他人的情绪

人的一生中，有许许多多无可奈何、身不由己的事情，就好比一碗满满的水一样，稍不留神就会溢出来，所以，有些事情难免会影响自己的情绪。当然，人的忍耐力是有一定限度的，在一时的气愤之下很难控制自己的情绪。

我们都知道，当我们的情绪不受控时，会引发许多不好的反应，而且还会弄僵原本和气的环境，让无辜的人也受到波及。一位哲学家曾说过这样一句话："体谅好比是一种心理解脱，体谅别人的同时，也使自己得到解脱。"其实人人都是一样的，人同此心，心同此理。当他人发脾气、抱怨、疑惑、愤怒的时候，我们也要尊重他们的情绪，并对此加以体谅。体谅是一种最有效的心理良药，能使人摆脱不良心境的困惑。所以，当工作中遇到不顺心的事，在还没有了解事情原委之前，不要随便指责他人。

　　下面，我们先来看看，对待他人的消极情绪人们通常采取的方式，我们分成两组，A组是消极的抚慰方式，B组是积极的抚慰方式，看一下，你是哪一种，是不是做到了理解他人情绪。

　　A组：

　　交换型：一个小朋友因为丢了心爱的铅笔刀而伤心，这时他妈妈说："宝贝，妈妈再给你买一个玩具，但你要保证不哭了，我才给你买。"在我们身边，经常可看到这样的情况，当一个人因为某些事情而悲伤难过时，他身边的朋友总会说："你不要再难过了，我们去散散步、兜兜风吧。"面对别人的悲伤，我们总会让他去做别的一些事来代替他自己正在发生的情绪。

　　惩罚型：很多人在面对别人的悲伤、害怕、生气和愤怒等情绪时，在劝说无效的情况下，往往就会采用批评、指责或训斥的态度对待他，尤其是家长对孩子、领导对下属最容易采取这种方法。

　　冷漠型：面对一个人出现一些自己承受不了的情绪时，他的亲人或朋友往往会采取逃走或忽略的态度。很多家长当自己的孩子有情绪时，他们要么走开，要么置之不理，任孩子承受情绪的煎熬。

　　说教型：孩子闹情绪，家长会给他讲一大堆道理，员工有情绪，老板会给他讲一堆大道理。诸如怎么一点小事就哭，你应该做负责任的人等。很多人习惯用"应该"和"不应该"的道理去试图阻止别人的情绪发生，身边的长者、家人或好朋友就经常会用这种方式来"安慰"和"关怀"我们。

　　使用这四种情绪处理方式对人对己都没好处，尤其是对他人会造成诸多影响。首先，会让人产生悲伤、难过、愤怒、恐惧等一切的所谓负面情绪，只要表现出来，就有害无益的观念。其次，会让自己变得越来越没有能力面对和处理情绪，不利于从情绪的体验当中学习提升并获取正面的价值。情绪长期得不到正确对待和处理的人，内心世界将会更加封闭，他们往往压抑自己的真实情绪，导致逐渐失去流动的生命力。

要改进或提升其他人的生命品质，比如自己的员工或同事、朋友等，需要做到先处理情绪，再处理事情。有效工具是积极聆听，通过有效的聆听、发问、区分和回应，设身处地了解和接纳他人的情绪，解读其未觉察的内在情感，协助对方处理情绪。

B组：

接纳：这一点在处理单位人际关系时特别需要，看到同事不开心，不要躲开他，而是走到他身边，用关切的语气问："我看到你愁眉不展的样子，好像不开心，发生了什么事？需要我的帮助吗？"当你用这种认同的口吻和对方说话时，对方一定能感受到你的关怀及诚意。对情感比较"麻木"的都市人来说，你的这种接纳帮他恢复了情绪知觉，他没有理由不被你感动。

分享：成功接纳了对方的情绪，他才愿意进一步和你谈内心的感受。分享的第一步就是诉说内心感受，一般来说，女性情感表达的平均能力要远远高于男性，心理开放的人比心理压抑的人在表达上更清晰、更敏锐。在对方对自身情感未能觉察的情况下，你可以有意识地引导他表达感受，和他一起分享这种感觉，协助他学习区分情绪的界限。等对方情绪稳定下来，肯定就会说出事情的经过。

区分：帮助对方区分哪些责任是他应该负却没有做好的，而哪些责任又是外在的客观属性。如一个同事在办公室讲"荤笑话"被上司处罚，心情很沮丧，这时可以问他："你觉得哪些行为在办公室不能做？"他会很清晰地回答："这次被罚就知道了，办公室里禁谈色情内容。"通过这个问题很容易就让对方了解了该不该做的事的界限，使他在把控自己的行为上更准确、稳重。

回应：最后还是应该回归到现实中，让对方制订一个有效的行动计划，以达成预定的目标。

大家可以问自己这样几个问题，这件事的发生对我有什么好处、现在的状况还有哪些不完善、我现在要做哪些事情才能达成我要的结果、过程中哪些错误我不能再犯及我要如何达成目标并且享受过程。通过这几个问题来加强自己规划方案的有效性和行动的准确性。

日常生活中时有这样、那样的事情发生，比如说：脾气暴躁的人在遇到不合自己意或不顺心的事，很容易生闷气、发脾气、做事沉不住气、不分青红皂白地指责人家，把自己的痛苦建立在别人的快乐之上，来排遣自己心中的不满。

我们应该抱着与人为善的态度，对别人的错误，在不伤害别人自尊心的原则下，诚恳而婉转地加以解释与劝导，安慰他人，鼓励他们改正，这样做，对于改善你的人际关系更有效。不要随便指责别人的坏情绪。

怎么样，找出属于你的正确方式了吗？仔细分析一下利弊，掌握最好的方式，这样，不但能帮助他人缓解情绪，还会让你多个知心朋友呢。

管理自己的情绪

管理你的情绪，要像驯兽师驯服不羁的野马一样，只有这样，你才能不受坏情绪的影响，否则，你很可能会做出一些不理智的事情来。

情绪就像心中的一把火，火光过于强烈旺盛，会焚毁身心的殿堂，将平静安然的生活将化为乌有。但倘若火光完全熄灭或者过于微弱，我们则会失去体验快乐喜悦和七情六欲的感觉，生活变得如白开水般乏味。人们通常会对此感到困惑：我们要如何处理情绪？是任由情绪如脱缰野马般来去自由，还是把情绪压抑下去，不让它在心灵的草原上放纵驰骋？

　　我们在谈这些之前，首先要明白一个问题：情绪本身是没有好坏之分的，它是源自内在的一种心理活动。困惑我们的，往往是我们自身对于情绪的不当处理。不懂得自我调节，不能很好地控制我们的内心也是导致压力产生的重要原因。

　　生活中，我们会经常听到这样的话：领导对员工说，不要把情绪带到工作中；太太对先生说，不要把情绪带回家；老师对学生说，你怎么能带着情绪和我说话……这些话语都无形地表达出我们对"情绪"的恐惧和无助。正因为这样，很多人在面对情绪到来时，往往会处理不当，轻的影响日常工作，重的甚至会让自己的人际关系都受到损害，让自己身心疲惫。

　　一个能很好管理自己情绪的人，通常都能获得成功的人生。国外某机构曾做过这样一个实验：

　　实验人员把一组4岁儿童分别领入空荡荡的大房间，只在一张桌子上放着非常显眼的东西：软糖。这些孩子进来前，实验人员告诉他们，你可以在走出大厅前吃掉这颗糖，但如果你能坚持在走出大厅前不吃这颗糖的话，就可以获得奖励：能再得到一块糖。

　　最后的结果是两种情况都有。专家们把坚持下来得到第二块糖的孩子归为一组，没有坚持下来只吃到一块糖的孩子归为另一组。之后，专家对这两组孩子进行了为期14年的追踪研究，最终结果显示：那些向往未来但能克制眼前诱惑的孩子，在学业、品质、行为、操守方面，与另一组相比优秀很多。这则实验说明，决定人生成功的因素并非只有传统智商理论所认定的那些东西，非智力因素特别是情绪智力对个人成功有极为重要的影响。

　　事实上，导致这种现象存在的并不是情绪本身，而是我们能否对情绪进行适度的调控。心理学家经过长期研究认为：人与人之间智商没有明显的差别，有人成功有人未能成功，与各自情商密切相关，情商要素之一就是自控能力。从某种意义上讲，情商表现的是人们通过控制自己的情绪来提高生活品质的能力，即如何激活潜能，克制情绪冲动，使自己始终对未来充满希望。

请记住，这点很重要：不要抵抗，试着平静下来，用理智和智慧命令情绪的野马听从你的指令。试着想象它们变得听话，逐渐安静下来，并开始慢慢地吃草。

最后，情绪的野马被驯服了，你找回了平静的自己。

如果你能控制情绪的表达，在负面情绪出现时巧妙地把它过滤或者转化，同时让正面情绪自由地流露，使之成为潜意识的一种能量，那么，你就会发现情绪是一种惊人的力量：如果熟谙控制情绪的智慧，我们就能使内在的自己与当下的自己保持步调一致，并由此获得安全感，让生命的空间变得更加开阔。

克服社交恐惧情绪

社交恐惧情绪，是恐惧情绪中最常见的一种，也是诱发社交恐惧症的主要因素。

社交恐惧症是一种对任何社交或公开场合感到强烈恐惧或忧虑的精神疾病。有些患者对参加聚会、打电话、到商店购物、或询问权威人士都感到困难。在心理学上被诊断为社交焦虑失协症，是焦虑症的一种。

社交恐惧症是非常痛苦、严重影响患者生活工作的一种心理障碍。一般人能够轻而易举办到的事，社交恐惧症患者却望而生畏。患者可能会认为自己是个乏味的人，并认为别人也会那样想。于是患者就会变得过于敏感，更不愿意打搅别人。而这样做，会使得患者感到更加焦虑和抑郁，从而使得社交恐惧的症状进一步恶化。许多患者改变他们的生活，来适应自己的症状。他们不得不错过许多有意义的活动。他们不能去逛商场买东西，不能建立正常的两性关系，不能带孩子去公园玩，甚至为了避免和人打交道，他们不得不放弃很好的工作机会。

形成社交恐惧症的因素有四个方面：

1. 心理原因

社交恐惧症患者一般自尊心较强，害怕被别人拒绝，或者对自己的外貌没有信心。

2. 家庭原因

从小性格受到压抑，或者是父母没有教会他们社交的技能，或者是家庭搬迁过于频繁。

3. 社会原因

本身所处的社会环境较为恶劣，与人交往时受到的挫折较多。

4. 思维方式

性格其实就是人自身思维方式的一种外在体现，不正确的思维方式造就了社交恐惧症。

人是社会动物，需要开放、诚实，有支持力的关系网，这样才能活得健康而快乐。在社会这个大家庭中，我们需要体验的不只是联系，更需要进一步地与他人互相沟通感情。要想在社会中占有一席之地，我们就需要一个能让我们自由完整地表达和确认感觉的关系网。

然而，不稳定的情绪会妨碍这种生活网络的建造，它让我们在与其他人联系时，就是创造不出深交所需的亲密感。因此，我们要把影响我们正常社交的坏情绪揪出来，静下心来做一番深刻的分析，找出问题的症结，然后再给予及时的抚慰或者疏导不良情绪，不要让它不合时宜地出现在公共场合，影响我们的社交心境。

克服社交恐惧情绪的方法有很多，在这里，教给大家一个简单又易操作的小妙招：微笑。

是的，微笑，先从微笑开始，真诚的微笑是社交的通行证。它向对方表白自己没有敌意，并可进一步表示欢迎和友善。因此微笑如春风，使人感到温暖、亲切和愉快，它能给谈话带来融洽平和的气氛。

好情绪助你走出困境

微笑，是最能俘获人心的武器。岁月像一把刻刀，刀柄就在自己手中，想要雕琢出怎样的生活，刻画出怎样的人生之路，要看一个人如何在生命之中行走。与漫漫的人生长路相比，每个人都是彼此生命中的过客，虽然不能相伴终生，但每个人都可能成为自己心灵的导师、相交的挚友、灵魂的依靠。

所以，在和他人的交往中，须谨言慎行，与人为善，哪怕一个笑容，有时候也可以改变人的命运。给人一个微笑，对方很欢喜，就会有好缘分。

微笑，是一朵绽放在脸上的鲜花，它植根于人的美好心灵中，闪烁着善良与智慧的光芒。微笑，是一个人最好的通行证，它引导我们告别冬日的寒夜，迎来春天的暖阳。微笑像一杯清水，滋润我们干涸的心灵，像一缕阳光，驱散我们心头的冷漠；像一杯冰茶，赶走燥热，带来清新。

20 世纪 30 年代，当战争从欧洲蔓延至全世界时，曾经有一位犹太传教士，因为一个微笑，改变了自己和家人的命运。

这位传教士居住在一个僻静的乡村里，每天清晨，他都会到乡间的小路上散散步。他是一个非常开朗的人，虽然当地的居民对传教士和犹太人很冷漠，但是无论见到任何人，他都会热情地打个招呼，"嗨，早安"，同时报以真诚的微笑。

在他常常碰到的人中，有一个年轻的农民，名叫米勒。他为人孤僻，很少与别人说话，但无论他表现得多么冷漠，甚至有几分不耐烦的情绪，传教士依然保持着自己的热情，每次见到他都会热情地问好。终于有一天，当两个人再次在乡间的小路上遇到时，米勒脱下自己的帽子，微微弯下腰，也向传教士道了一声"早安"。

几年以后，纳粹党上台执政了。纳粹分子集中了村中所有的人，要将其中的"危险分子"送往集中营。全村人依次从纳粹军官的前面走过，然后被分到左右两侧，被分到左侧的人只有死路一条，而被分往右侧的人还有生还的微小希望。

很快，传教士被两名士兵带到了指挥官前面。他绝望地抬起头，与指挥官的目光刹那间相遇了，他习惯性地露出微笑，说道："早安，米勒先生。"

此时的米勒已经成为纳粹军队的高级指挥官，他表情发生了一些微妙的变化，低声地回应道："早安。"

最后，传教士以及他全家人都被分到了右侧的队伍。

某些时候，一个微笑，真的可以改变人的命运。热情的问候，温馨的笑容、不知不觉间，就已经将善意的种子种在了他人的心田。不要低估了一句话、一个微笑的作用，它很可能成为开启幸福之门的一把钥匙，成为走上柳暗花明之境的一盏明灯。

英国有句谚语："一副好的面孔就是一封好的介绍信。"面对他人，自然而然流露出的微笑既能展现自己的友好、热情，更能显示一个人的自信、教养，以及积极的人生态度，从而在对方的心灵中投射下一束温暖的阳光。

当我们微笑时，微笑的面庞总是真挚动人、温情洋溢，宛如和煦的阳光洒在心间。当我们一路朝着它所在的方向走去的时候，其他的忧愁和烦恼都会被渐渐地抛在身后的阴影里。微笑能够使烦恼的人得到解脱，使疲劳的人得到安适，使颓唐的人得到鼓励，使悲伤的人得到安慰。

与人相处时，善意的开始必然带来快乐融洽的结果。面带微笑，心存真诚，两人相对的第一个瞬间，必定能传达出最友好的信号。当我们面带微笑，看在对方的眼中，那个微笑是发光的；当我们口出赞叹，听在对方的心底，那句赞美是发光的；

当我们伸手扶持，手在对方的身上，那温暖的一握是发光的；当我们静心倾听，在对方的感觉里，那对耳朵是发光的。

这是一种神奇的精神力量，能够化腐朽为神奇，帮助我们化解一切困难。

生活中，许多人认为，微笑着面对每一个人是件很困难的事，实际并非如此。只要你平时多对自己说："我想做一个快乐的人，我喜欢微笑。"你肯定能做到这一点。

情绪掌控，为自己拓宽道路

不要把他人不好的情绪放在心上，学着去谅解他人情绪，其实也是为了让自己收获一份轻松。试想一下，假如你把别人不友好的情绪放在心上，并让其影响到自己原本快乐的心情，其实，损失的还是自己。

年轻的洛克菲勒空闲的时间很少，所以他总是将一个可以收缩的运动器——就是一种手拉的弹簧，可以闲时挂在墙上用手拉扯的——放在随身的袋子里。有一天，他到一个分公司里去，这里的人都不认识他，他说要见经理。

有一个傲慢的职员见了这个衣着随便的年轻人，便回答说："经理很忙。"

洛克菲勒便说，等一等不要紧。当时待客厅里没有别人，他看见墙上有一个适当的钩子，洛克菲勒便把那运动器拿出来，很起劲地拉着。弹簧的声音打搅了那个职员，于是他急忙跳起来，气愤地瞪着他，冲着洛克菲勒大声吼道："喂，你以为这里是什么地方啊，健身房吗？这里不是健身房。赶快把东西收起来，否则就出去。懂了吗？"

"好，那我就收起来。"洛克菲勒和颜悦色地回答着，把他的东西收了起来。5分钟后，经理来了，很客气地请他进去坐。

那个职员马上蔫了，他觉得他在这里的前程肯定是断送了。

洛克菲勒临走的时候，还客气地和他点了点头，而他则是一副不知所措的惶恐样子。他觉得洛克菲勒肯定会惩罚自己，于是便忐忑不安地等待着处罚。

但是过了几天，什么也没有发生。又过了一星期，也没有事。过了三个月之后，他忐忑不安的心才慢慢平静下来。

不管洛克菲勒是否把这件事放在心上，至少他的行为说明，他对小职员的冒犯采取了克制的态度。

所以，面对别人的伤害和冒犯，我们要保持宽容和冷静，不要轻易出手反击，这既是对别人的一种容忍，也是对自己的一种尊重。

服装界有名的商人史瓦兹是一个善于容人的经营者，他的成功就和自己善于包容不同个性人才的品格有很大关系。

史瓦兹刚入服装行业的时候，有一次他拿着样衣经过一家小店，却无缘无故地被店主讥讽嘲笑了一通，说他的衣服只能堆在仓库里，再过10年也卖不出去。史瓦兹并未反唇相讥，而是诚恳地请教，这小店主说得头头是道。史瓦兹大惊之下，愿意高薪聘用这位怪人。没想到这人不仅不接受，还讽刺了史瓦兹一顿。史瓦兹没有放弃，运用各种方法打听，才知道这小店主居然是一位极其有名的服装设计师，只是因为他自诩天才、性情怪僻而与多位上司闹翻，一气之下发誓不再设计服装，改行做了小商人。

史瓦兹弄清原委后，三番五次登门拜访，并且诚心请教。这位设计师仍然是火冒三丈，劈头盖脸地骂他，坚决不肯答应。史瓦兹毫不气馁，常去看望他，经常和他聊天并给予热情的帮助。这位怪人到最后，也很不好意思了，终于答应史瓦兹，但是条件非常苛刻，其中包括他一旦不满意可以随意更改设计图案，并能自由自在地上班。果然，这位设计师虽然常顶撞史瓦兹，让他下不了台，但其创造的效益很巨大，帮助史瓦兹建立了一个庞大的服装帝国。

　　善于容人就要掌控好自己的情绪，这样才可能去容忍他人个性上的缺点。这位设计师的脾气不可谓不怪异，甚至有点恃才傲物，但是史瓦兹慧眼识金，懂得他的价值所在，对他的缺点和不足一一宽容，使他帮助自己走上了事业的成功之路。

　　不要被他人所影响，保持快乐的心情，去面对生活，是我们需要学习的生活技巧。

不要陷入回忆中

　　回忆是一种常见的心理现象，应该说，适当回忆是正常的，也是必要的，但是一味地沉湎于过去而否认现在和将来，就会陷入病态。

　　当然你的回忆里会有一些错误的、荒诞的事，但是不要总是去怀念，要尽快地把这些忘掉。明天又是新的一天，好好地、安详地，并且以不为过去无聊的事所阻碍的极高精神来开始这一天，这新的一天才是最好最美的一天。我们要试着走出过去，不管它是悲还是喜，不能让回忆干扰我们今天的生活。

　　一个夏天的下午，在纽约的一家中国餐厅里，奥里森·科尔在等待着，他感到沮丧而消沉。由于他在工作中有几个地方出现错误，使他没有做成一项相当重要的项目。即使在等待见他一位最珍视的朋友时，也不能像平时一样感到快乐。他的朋友终于从街那边走过来了，他是一名了不起的医生。医生的诊所就在附近，科尔知道那天他刚刚和最后一名病人谈完了话。

　　"怎么样，年轻人，"医生不加寒暄就说，"什么事让你不痛快？"对医生这种洞察心事的本领，科尔早就不意外了，因此他就直截了当地告诉医生使自己烦恼的事情。然后，医生说："来吧，到我的诊所去。我要看看你的反应。"

　　医生从一个硬纸盒里拿出一卷录音带，塞进录音机里。"在这卷录音带上，"他说，"一共有 3 个来看我的人所说的话。当然没有必要说出来他们的名字。我要你注意听他们的话，看看你能不能挑出支配了这 3 个案例的共同因素，只有 4 个字。"他微笑了一下。

在科尔听起来，录音带上这 3 个声音共有的特点是不快活。第一个是男人的声音，显示他遭到了某种生意上的损失或失败。第二个是女人的声音，说她因为照顾寡母的责任感，以至于一直没能结婚，她心酸地述说她错过了很多结婚的机会。第三个是一位母亲，因为她十几岁的儿子和警察有了冲突，她一直在责备自己。

在 3 个声音中，科尔听到他们一共 6 次用到 4 个字，"如果，只要"。"你一定大感惊奇。"医生说，"你知道我坐在这张椅子里，听到成千上万用这几个字作开头的内疚的话。他们不停地说，直到我要他们停下来。有的时候我会要他们听刚才你听的录音带，我对他们说：'如果，只要你不再说如果、只要，我们或许就能把问题解决掉！'"医生伸伸他的腿，"用'如果，只要'这 4 个字的问题，"他说，"是因为这几个字不能改变既成的事实，却使我们面朝着错误的方面，向后退而不是向前进，并且只是浪费时间。最后，如果你用这几个字成了习惯，那这几个字就很可能变成阻碍你成功的真正的障碍，成为你不再去努力的借口。

"现在就拿你自己的例子来说吧。你的计划没有成功，为什么？因为你犯了一些错误。那有什么关系！每个人都会犯错误，错误能让我们学到教训。但是在你告诉我你犯了错误，而为这个遗憾、为那个懊悔的时候，你并没有从这些错误中学到什么。"

"你怎么知道？"科尔带着一点辩护地说。

"因为，"医生说，"你没有脱离过去式，你没有一句话提到未来。从某些方面来说，你十分诚实，你内心里还以此为乐。我们每个人都有一点不太好的毛病，喜欢一再讨论过去的错误。

因为不论怎么说，在叙述过去的灾难或挫折的时候，你还是主要角色，你还是整个事情的中心人……"

在医生的开导下，科尔终于意识到，自己沉浸在过去错失的阴影中，还没有真正走出自我，并用积极上进的态度去改变现在的处境。医生告诉科尔，他患上了严重的"怀旧病"，而采用"如果，只要"这类字眼是"怀旧"病的重要特征。

过多的回忆和进取人生是背道而驰的，逃避也不利于智慧人生之路，回忆是用来达到内心平和、宁静、诗意的，是人性化的表现，但如果因为怀旧阻碍了自身的发展，或对外界造成了不必要的麻烦，就必须进行调适。

不要总是对现状很不满意的样子，更不要因此过于沉溺在对过去的追忆中。当你不厌其烦地重复述说往事，述说着过去如何如何时，你可能忽略了今天正在经历的体验。把过多的时间放在追忆上，会或多或少地影响你的正常生活。

回忆是泛黄的黑白照片，是棉麻质地、没有多余装饰的衣服，是弥漫在潮湿空气中的樟木箱气味，是紫砂茶壶中淡淡的香茗，是日记本里的枫叶标本，是圈点密布又有点点蛀洞的旧书，是锁上的锈斑和砚池的墨垢，是对梦境的演绎和加工，是一种迟缓的语气和略带伤感的叙述。也许你所在的城市中，就开有那样一家基于城市人的这种需要而设计的商店，而且生意兴旺得很，因为很多人都是那样陶醉于这番过去的"美好时光"里。

实际上，这种沉重的情绪是徒劳无益的，它不但不能改变你曾经拥有过的过去，反而会影响到你现在所做的一切。

正常的回忆有一种寻找安静、维持心灵平和、返璞归真的积极功能。这方面的功能多一些，病态的、消极的心态就会减少。我们不能抛弃回忆，可是我们也不能做回忆的奴隶。在心灵的一个角落里，珍藏着我们走过的路上种种的喜怒哀乐、酸甜苦辣。然而，我们更应该把广阔的心灵空间，留给现在，留给此时此刻！

第二节　掌握情绪转换的技巧

情绪调适：给不良情绪杀杀菌

情绪也会感染病菌，只是及时给坏情绪杀杀菌，它也可以变成好情绪。

那么，如何杀菌呢？送你一剂灵丹妙药，这就是三字箴言：看得开。人生在世，情绪可能会时时处处地左右着一个人的言谈举止。调适好了，就会生活幸福，学习进步，工作愉快，否则就可能招致不少的麻烦。

一个人的情绪不是一成不变的。不好的情绪，也可称为消极情绪，在某种条件下，可以调适为好的情绪，即人们常说的积极情绪。从而，会使人生的某个环节的难受，转变为一种享受。

人生在世，不过百年，如果你选择了让自己幽怨地过这一生，真是辜负了大好年华。人活一辈子并不容易，忧伤也是活，高兴也是活，既然同样是活着，为什么还有人选择生气？选择郁闷甚至是抑郁而终呢？为什么不能开开心心地生活呢？

人的一生很短暂，不要事事斤斤计较，关键时刻要看得开。人的一生也并不是一帆风顺的，会遇到许多挫折，磨难，在逆境中学会看得开，看得远，人一生才走得远，走得平稳。

看得开与看不开是人生的两种态度，两种不同人生的境界。或者说它本来就是两种人生的截然不同的反映。一个人看得开，他的情绪是积极的，任何事情在他眼里都会变得很自然，没有应该和不应该，只有一颗随喜心。

一个人不小心伤害了你，你并没有去和他计较，依然保持一颗平和的心态做自己的事，你们之间再没有发生矛盾。一个人不小心伤害了你，你去和他计较，要他向你赔礼道歉，要他向你赔偿损失，言语之中大家生了气，动了手，伤害进一步扩大，结果他打伤了你进了派出所，你受了伤进了医院，看不开让你和他双方都受到了损害。看得开，一笑了之，则避免了事态的恶化。

一个人在工作中看得开，积极肯干，认为多做点没什么关系，"力气用不尽，井水挑不干"，从不与人计较，同事喜欢他，领导看重他，他从一名普通的工人做到了公司的副老总。而一位看不开的人，对任何事都斤斤计较，多做一点都不愿意，没有人愿意与他一道工作，结果他被公司炒了鱿鱼。

林肯说："人快乐的程度多半是自己决定的。"人生际遇对快乐程度的影响，其实远不及我们对事件的反应来得重要。

托尼和弟弟比尔同时失业了。比尔想，这下完了，没有工作，以后该怎么生活呢？而托尼却不这样认为，他认为这是个尝试新工作、发掘新可能、独立自主的好机会。于是，他每天都积极地出去找工作，虽然常常被拒之门外，但他依然很乐观，哼着歌，满脸微笑。托尼觉得，丢掉什么，也不能丢掉好情绪，如果自己每天都闷闷不乐，很难想象生活该如何继续。

比尔却不同，他觉得自己接受不了失业的事实，他开始变得情绪紧张，脾气暴躁，甚至会为了一丁点儿的事情而大动肝火。就这样，他在坏情绪中越陷越深，他总是觉得自己一无是处，生活也没有了意义。终于，在极度的抑郁中，他跳下了20层高楼，一了百了。

一样的处境，一个人兴高采烈，另一个人却自杀了！一个人眼中的灾祸却是另一个人心目中的契机。

快乐不是那么容易得到的东西。有时它是人生最大的挑战，需要投入全部的决心、毅力、自制力。成熟代表为自己的快乐负责，把注意力集中于已经拥有的一切，而不是放在没有得到的东西上。

一个人心里想些什么是别人无法控制的，因此，快乐与否的感觉操纵在你自己手中。别人不能把思想硬灌进你的脑子里，要寻求快乐，必须专心思考快乐的事，但我们是否经常反其道而行之？我们是否经常不把别人的赞美放在心上，却为一两句不中听的话生好几天的气？如果你容许不愉快的经验或恶言占据你的心灵，后果只能自己承担。记住，你是自己思想的主宰。

大多数的人，对好话只记得几分钟，坏话却能数年不忘。他们就像收集垃圾的人，把20年前人家丢给他们的垃圾背着到处跑。

有时快乐需要努力去达成。就像维持家的整洁美观——你得把好东西陈列出来，把垃圾丢掉。快乐就是搜寻生命中的好东西，有人看见美丽的风景，有人却只见玻璃窗脏了。看见什么，靠你自己用思想作抉择。

一个人在生活中看得开，他不会被生活中的琐事所累，即使生了病，痛并快乐着，哼着歌曲接受医生的治疗，依然热爱生活，他的人生是积极健康的，乐观向上的，富有感染力的。一个人为了一点小事，看不开，自寻烦恼，自打死结，把自己的心灵封闭起来，心中没有一丝阳光，自甘堕落，自我毁灭，成为生活的淘汰者。

学会在平淡的日子里捡拾幸福的人，就是最能控制自己情绪的人。只有做了自己情绪的主人，才能及时弊弃掉那些糟糕的情绪，学会用另一种心情来看待事物，结果可能收获的就是满满的幸福而不是伤心的眼泪。

调换一下位置，效果大不一样

任何事物都有它的多面性，比如鸡蛋，你横着看，它是扁圆的，立起来看，它就会被拉长；看一个人的背影，纤细高挑，我们就会想了，这人一定是个美女，但当你真正看到她的样子的时候，你或许就失望了。

位置变了，效果自然也有了改变。人常说："万事万物都是多面的，好坏都是双刃剑，有利就有弊。"

有这样一个故事，一个诗人听说一个年轻人想跳桥自杀，而他手里拿着的是诗人的诗集《命运扼住了我的喉咙》。诗人听说后，拿了另一本诗集，赶紧冲到桥上。诗人来到桥上，走到年轻人面前。年轻人见有人上前，便做出欲跳的姿态说道："你不要过来！你不用劝我，我是不会下来的，命运对我太不公平了。"诗人冷冷地说："我不是来劝你的，我是来取回我那本诗集的。"年轻人听了很疑惑，竟然不知道该说什么了。

"我要将这本诗集撕碎，不再让它毒害别人的思想，我可以用我手中的这本诗集和你手中的那本交换。"年轻人犹豫了一会儿，答应了诗人的请求。年轻人接过诗人手上的那本诗集，有点吃惊，因为诗人手上的那本诗集的名字和原来那本如此地相似，但又是如此地不同——《我扼住了命运的喉咙》。

诗人接过年轻人手中的那本诗集，对着它凝望了一会儿，便将它撕得粉碎，撕完后，诗人又说道："当我四肢健全时，我曾多次站在你那里，但当我经历了那场车祸变成残疾后，我便再也没站在那儿过。"诗人说完，用深切的目光望着年轻人。年轻人迎着诗人的目光沉思了一会儿，终于从桥上下来了。

很多时候，我们和上面这个年轻人一样，总是被身边的人和事牵绊着、主宰着，把自己的人生交给命运去处理，而忘了自己其实是自己人生的主人，我们的命运和心灵应该由自己做主。

如果说生命是一艘航船，那么我们对舵的把握程度，就决定了我们拥有怎样的人生。一个人的命运好不好，首先是自己决定的。敢于主宰和规划人生，奇迹便会不断产生。

世界上的人基本上分为两大类：一种人拥有积极乐观的人生态度，而另外一种人拥有消极悲观的人生态度。不同的人生态度，决定不同的人生结果。那些积极乐观的人，总是自己掌握自己的命运之舵，从而顺利到达幸福的彼岸；而那些消极悲观的人，总是把自己的命运之舵交给别人，或者依靠所谓的命运之神，结果永远在苦海里挣扎。如果有了积极的心态，又能不断地努力奋斗，那么世上一切事情都有成功的可能。如果既没有积极的心态，又不肯好好去努力，那么将永远和幸福失之交臂。

诗人亨利曾经说过："我是命运的主人，我主宰我的心灵。"做人应该做自己的主人，应该主宰自己的命运，而不能把自己交付给别人。然而，生活中许多人却不能主宰自己，有的人把自己交付给了金钱，成为金钱的奴隶；有的人为了权力，成了权力的俘虏；有的人经不住生活中各种挫折与困难的考验，把自己交给了上帝；有的人经历一次失败后便迷失了自己，向命运低头，从此一蹶不振。

一个不想改变自己命运的人，是可悲的；一个不能靠自己的能力改变命运的人，是不幸的。一个人想获得成功，必定要经过无数的考验，而一个经受不住考验的人是绝对不能干出一番大事的。很多人之所以不能成就大事，关键就在于无法激发挑战命运的勇气和决心，不善于在现实中寻找答案。古今中外的成功者，无不是凭借自己的努力奋斗，掌控命运之舟，在波峰浪谷间破浪扬帆。

每个人都要努力做命运的主人，不能任由命运摆布自己。像莫扎特、梵·高这些历史上的名人都是我们的榜样，他们生前都遭遇过许多挫折，但他们没有屈服于命运，没有向命运低头，而是向命运发起了挑战，最终战胜了命运，成为自己的主人，成了命运的主宰。

情绪分两面，一面积极向上，为我们披荆斩棘地开创美好明天；一面消极沮丧，使我们丧失了创造美好生活的勇气，沦落为悲惨的人，如何选择，相信每个人都有了答案。不要把精力浪费在令人低落的事情上，换个位置，也许你就会发现让你重获勇气的一面。生活之所以美好，是因为它的不确定性，幸福就像是被压在石头下面的小草，只要我们用力躲开石头，就会看到生命的绿色。

克服职场压力，化解不良情绪

在生活中，当我们受到情绪困扰而不愉快时，往往借埋头工作来逃避不悦的心境。却很少有人正视自己的真实感受，和自己做一下情感互动。我们总是很容易把生活的重点放在最终结果上，却很少体会过程带给我们的惊喜。

不要总是抛给自己消极的问题，诸如"你的工作很不开心吗""你的生活是不是糟糕透了""我还能改变什么呢"，等等。这些问题本身就是一种致命的压力，让你无从喘息。假如你能换一种方式来提问，比如："你需要从哪里入手找到更多的工作乐趣呢？""生活中的趣事太少了，怎样增加我的快乐感呢？""我是不是要向周围的人请教一下，自身有哪些地方需要改进？"

当这些问题出现在你的脑海中时，你就会发现这种要求为生活带来了很多迎合个性的快乐和乐趣。当然，其实快乐大多是来自我们生命本身和内心的，只要我们肯正视，什么压力都能解决。要记住，在这种快节奏的生活和工作中，我们更需要笑声、爱心、给予、分享、谈话、倾听、忠诚、美丽、和平，这些都是来自心灵的快乐。

我们每天都面临各种选择，我们可以用多种方法来做决定。可以把心灵放在第一位，为我们的工作和生活增添更多的善良、同情心、真诚、真实与爱心。我们也可以把个性放在第一位，让自己更加自我。但不管怎样，改善工作情绪就必须消除压力。

压力是在工作中最让人恐慌的事情之一。压力不是人或事造成的，而是由我们对待人和事的方式造成的。

张扬是某大型企业的销售经理。在公司，她是一位上进心极强的职业女性，工作业绩各方面都十分优秀，深得老板的赏识和器重，她也为此十分自豪并更加卖力地工作。但是近几个星期以来有一件事一直困扰着她，那就是早醒：她每天清早五点钟就会突然醒来，再也不能重新入睡，必须马上开始思考和处理工作上的问题才会稍微心安，但是由于睡眠不足，导致白天精神不佳，心理压力巨大。

压力是我们日常生活中不可避免的、十分重要的成分。克服压力的诀窍就在于学习如何从焦虑情绪中发现一些积极的东西，从而管理压力。如果你不能很好地管理压力，将会导致生理、心理紊乱。相反如果你能恰当地管理压力，这些生理变化可以带来精神和或身体状态的转变，在关键情况下可以帮助你。那么如何克服这些压力呢？

第一步，只有正确认识压力，你才能找到压力的突破口。

首先，要对压力有个正确的认识。认识到压力的本质是什么，认识到压力的必然性与必要性，不仅要认识到它的消极面，还要认识到它的积极面。著名心理学家罗伯尔说得好："压力如同一把刀，它可以为我们所用，也可以把我们割伤。那要看你握住的是刀刃还是刀柄。"

其次，正确评估自己、接受自己。不要过高地把自己定位于无所不能；也不要把自己看得一无是处。每个人都是有所能而有所不能，找到自己最擅长的那一点，并使之最大化，你就因游刃有余而倍感轻松。永远保持一颗平常心，不要把目标定得高不可攀，凡事量力而行，随时调整目标也未必是弱者的表现。不要时时处处与别人比，尤其是不要拿自己的短处与别人的长处比。你可以分析一下你所有熟悉的人，他们一定有强于你的地方，但也一定有不如你之处，不要感到意外。

最后，认识环境、适应环境。我们正处在一个竞争激烈的现代社会，这是一个适者生存的世界。这个环境中肯定是许多不公平、不合理、不适应、不近人情之处，但对个体来说，这个环境又是不可更改的事实前提。我们只能入乡随俗，而不可能让风俗随我。如果我们对环境的埋怨能改变环境，那我们大家就一起去埋怨吧，埋怨可是件不费多大力气的事。可惜的是，埋怨不能改变环境，不能解决问题。

第二步，定位你的人生，体现自我价值。

意思就是说：你想要成为什么样的人？你的人生目标是什么？这些看似与具体压力无关的东西其实对我们的影响却是很大的，对很多压力的反思最后往往都要归结到这个方面。卡耐基说："我非常相信，这是获得心理平静的最大秘密之一——要有正确的价值观念。而我也相信，只要我们能定出一种个人的标准来——就是和我们的生活比起来，什么样的事情才值得的标准，我们的忧虑有50％可以立刻消除。"

第三步，学会调整各种内外因素。

我们首先要做的是：改变外在压力因素。比如实在受不了就辞职，换一份适合自己的新工作。或者肯定地告诉老板给你压力不要过大，重新安排你的时间。外在的压力因素对人的影响是很大的，外在环境的调整和改变将使一些压力得到缓解。而其中的关键还是要发挥自己的主观能动性，积极地去适应或者有意识地改变。

其次，改变你的内在想法。不要把工作压力带回家，回家后拒绝工作，改变过于追求尽善尽美的想法，不要认为你得对别人的问题负责。更多的压力不在于外在的压迫，而更在于自己的一些不合理的想法，比如过高的不切实际的愿望。

最后，还要注意改变和调整你的身体状态。学会休息放松，进行适当运动，养成正确的营养饮食习惯，保证充足的睡眠等。

第四步，压力不是你一个人的，要懂得与人沟通，懂得沟通的人，一般不会存在焦虑情绪。所以，我们平时要积极改善人际关系，特别是要加强与上司、同事及下属的沟通。一定要记住一点，压力过大时要寻求主管的协助，不要试图一个人就把所有压力承担下来，因为，这不仅是对我们自身负责，也是对工作负责。

第五步，理性反思，要清楚地知道压力对于你意味着什么。

理性反思，积极进行自我对话和反省。对于一个积极进取的人而言，面对压力时可以自问，"如果没做成又如何？"这样的想法并非找借口，而是一种有效疏解压力的方式。但如果本身个性较容易趋向于逃避，则应该要求自己以较积极的态度面对压力，告诉自己，适度的压力能够帮助自我成长。

第六步，管理好自己的时间，不要让你的安排左右你。

快节奏的工作和时间的紧张感往往是工作压力产生的重要因素。通常情况下我们总是觉得手上有忙不完的工作，这些工作又都十分紧迫，因此，我们总觉得时间不够用。如何解决这种难题呢？最有效的方法就是学会管理你的时间，不要让你的安排左右你，你要自己安排你的事。在进行时间安排时，你要懂得权衡各种事情的优先顺序，对工作要有前瞻能力，把重要但不一定紧急的事放到首位，防患于未然，如果总是在忙于救火，那将使我们的工作永远处于被动之中。

第七步，凡事抱着乐观的态度，开启你的积极情绪。

首先，懂得利用幽默使自己的情绪积极化。

工作是严肃的，但严肃不意味着刻板、死气沉沉。在工作中，有一些适当的、高品位的幽默可以化解冲突、可以活跃气氛、可以振奋精神、可以缓解压力。并且，它是低成本甚至是无成本的。我们没有任何理由排斥它。

其次，发挥积极自我暗示的力量。

我们要多对自己说一些："我行！我能胜任！我很坚强！我不惧怕压力！我喜欢挑战！"少对自己说一些："我不行！我太差了！我受不了了！我要崩溃了"。积极的自我暗示可以影响你的心态，进而影响你的行为及其行为结果。

最后，不要总是让明天的烦恼困扰你，要珍惜你现在所拥有的。

人性的一个共同的弱点就是企盼得到自己没有得到的东西，而对自己现在所拥有的一切却不那么珍惜。只有在失去自己现在所拥有的东西时，才倍感它的珍贵与不可替代。

第八步，学会放松身心，你的情绪才会更健康。

以下是帮助你在日常生活中减轻压力的 10 种具体方法，简单方便，经常运用可以起到很好的效果：

1. 早睡早起。在你的家人醒来前一小时起床，做好一天的准备工作。

2. 同你的家人和同事共同分享工作的快乐。

3. 一天中要多休息，从而使头脑清醒，呼吸通畅。

4. 利用空闲时间锻炼身体。

5. 不要急切地、过多地表现自己。

压力不容小觑，如果我们稍不注意，就会让压力钻了空子，危害到我们的身心健康。压力的外在表现只是冰山上的一角，在一般情况下，压力的外在表现往往是一个人情绪状态等方面的综合反映，它的原因往往来自多个方面。了解自身压力产生的原因，并加以克服，如果你掌握了以上八个要领，就可以把压力拒之门外，享受轻松生活。

心境对情绪的巨大影响

澳大利亚的一份《育儿教育》上给我们讲述了这样一个小故事。

在澳大利亚，有一家人全家出动，爸爸、妈妈和八岁的儿子汤姆、四岁的女儿萨拉到假日森林中去度假。森林中是那么美好、那么有趣，孩子们在森林里欢快地嬉戏打闹，大自然的一切对他们都是那么的新奇。

　　林中旷地附近长着一丛丛野菊花，粉红粉红的，芬芳扑鼻。全家人都坐在灌木附近。突然，天空黑了下来，大雨倾盆而下。

　　汤姆很懂事地把自己的雨衣给了妈妈，似乎他并不怕淋雨；而妈妈又把雨衣给了萨拉，似乎她也不怕淋。

　　萨拉问道："妈妈，汤姆把自己的雨衣给了你，你又把雨衣给我穿上，你们干吗这样做呢？"

　　"我们当然要这么做了，因为每个人都应该保护更弱小的人嘛！"妈妈回答。

　　"那么，你的意思就是说我是最弱小的人了？"萨拉问道。

　　"要是你任何事物都保护不了，那你就是最弱小的人啦！"妈妈笑着回答。

　　萨拉朝菊花丛走去，她掀起雨衣的下部，盖在粉红的花上。滂沱大雨已冲掉了几片花瓣，花儿低垂着头。它们看起来那么娇嫩纤弱，一点儿防卫能力都没有。

　　"妈妈，你看，我并不是最弱小的！"萨拉自豪地说。

　　"嗯，对呀，现在你帮助了别人，你就是强者，是勇敢的人啦！"妈妈这样回答。

　　这位妈妈的爱心很让我们感动，小萨拉的聪明善良也非常让人动容。尽管只是一朵小小的花儿，但是萨拉却从保护小花中找到了自己是强者的证明。这么小的孩子，她懂得如何让她的脑袋拐个弯，知道退后一步去考虑问题：我是弱小的，但还有比我更弱小的东西呢。正因为她会这么想，她才会更自信、更快乐。

　　多数家长把孩子看得过于弱小，认为他们这不能做，那也不能干，恨不得把孩子用玻璃罩子罩起来，结果使多数孩子对自己的能力缺乏信心，更加认为自己什么都做不了，长大之后也会变得畏首畏尾。但是，如果能让他们找到证明自己有用的地方，他们就会更加自信。

　　通过看上面这个故事，我们可以领会到心境对情绪的影响。

其实，在生活中，我们有很多的麻烦事，都是因为我们自己太过固执而不肯退后造成的。退后是一种心境，是一种可以宽宏大度看待事物的心境，而且，往往当我们退一步的时候，就会看到更开阔的天空。

所以，当我们被一些事情蒙蔽，感到生气、焦躁或是不安的时候，不要急着往前冲，先退后两步，也许效果会不同。退后几步，并不表示我们甘于懦弱，而是能让我们的视野更开阔，让我们把前面的路看得更清楚，更让我们有时间审时度势，把周围的情况分析得更透彻，从而做出正确的判断。而且，因为退后了两步，许多的矛盾，便会一下子化解得无影无踪，从而让你拥有海阔天空的心境。

人的一生难免会有被枷锁困住的时候。生活就像是波涛汹涌的大海，我们就是海中的小舟，在未知的海面上，我们会遭遇各种各样的事情，我们的情绪也自然会受到影响。

想要摆脱这些不良情绪，我们就要学会转换心境。用我们的眼睛去看大自然，多发现生活中的美好，心境自然也会变得平和喜悦，如果明知道有很多东西能够改善你的心境，你也做不到，那就是我们的悲哀了。我们一直以来最信奉的方法是整理思路并寻找解决的途径——找到自身的缺点，把烦恼对生活的破坏降到最低。

心境，也许就是一张张等待显影的底片，在心灵快门揿动的刹那，显影生命的片段与生活的诸多真实细节。

只有了解情绪，才能更好处理

为人处世虽然应该善于主动表达自己的情绪，但是，并不主张乱表达心中的情绪。情感应时时受到理智的支配。情绪性太强的人大多被认为有神经质，这种人易给人造成一种不合群的感觉，人缘也随之而去。只有言谈举止始终保持常态，在公开场合上随圆就方，才会在社会上取得别人的认同。要获得好人缘，练就随圆就方的技巧很重要。

我们平时所遇到的事情无所不有，其中涉及原则的事本没有多少，在一些无关痛痒的小事上更犯不上与人斤斤计较，特别是感情用事。比如单位里某个同事就伊拉克的好坏谈了一种观点，虽然他的观点过于偏颇，你也没有必要情绪激昂地去与之辩出个输赢来，否则，因为几句话伤了感情，就得不偿失了。

一切情绪，尤其是不愉快的情绪，如伤心、冲动、焦急、愤怒、内疚等情绪，我们都必须要弄明白它产生的原因以及背景，然后再有针对性地进行安抚或者化解。我们都知道，动情绪是非常消耗精力的。如果我们把精力花在驱除不愉快的心情上，便不会有精力剩下来应付生活本身的需要。

圣菲亚斯是16世纪深受人爱戴的罗马牧师。无论是贵族还是平民，大家都很喜欢跟随他左右，因为他是那么富于智慧，而且善解人意。

有一次，一位年轻的女孩来到圣菲亚斯面前，向他倾诉自己的苦恼。其实女孩心地不坏，只是她常常说三道四，喜欢说些无聊的闲话。这些闲话传出去后，往往会给别人造成许多伤害。久而久之，人们都远离她了。因为没有朋友，所以，她觉得很孤独。

圣菲亚斯对女孩说："你不应该谈论他人的缺点，我知道你也为此苦恼，现在我命令你要为此赎罪。你到市场上买一只母鸡，走出城镇后，沿路拔下鸡毛并四处散布。你要一刻不停地拔，直到拔完为止。你做完之后，就回到这里告诉我。"

女孩觉得这是非常奇怪的赎罪方式，但为了解除自己的烦恼，她没有任何异议。她买了鸡，走出城镇，并遵照吩咐拔下鸡毛。然后她回去找圣菲亚斯，告诉他自己按照他说的做了一切。圣菲亚斯说："你已完成了赎罪的第一部分，现在要进行第二部分。你必须回到你散布鸡毛的路上，捡起所有的鸡毛。"

女孩照做了，可这时，风已经把鸡毛吹得到处都是。她只捡回了一些，无法捡回所有的鸡毛。

女孩回来说："我没能捡回所有的鸡毛。"

圣菲亚斯说："没错，我的孩子，你是无法捡回所有的鸡毛。你那些脱口而出的愚蠢话语不也是如此吗？你不也常常从口中吐出一些愚蠢的谣言吗？你有可能跟在它们后面，在你想收回的时候就收回吗？"

女孩说："不能。"

"看到了吧，你的烦恼情绪都是这样造成的。如果你想从烦恼情绪中解脱出来，那么，当你想说些别人的闲话时，请控制你的嘴，不要让这些邪恶的羽毛散落路旁。"圣菲亚斯说。

有些话一旦说出口，就好像扔出去的鸡毛一样，不是想收回就能收回的，情绪也是如此。当不好的情绪出现的时候，我们一定要及时分析它的利害关系，避免一时冲动，造成不好的局面。尤其是在工作中，不好的局面一旦形成，将会给我们带来很大的损失，大到上下级关系紧张，小到同事之间不和睦，这对我们之后开展工作有很大的影响。

因此，在生活中，我们要注意克制自己的言行和情绪，别让情绪打乱了我们的生活。

对你的坏情绪要宽容一点

坏情绪就像是行为古怪又喜欢玩恶作剧的孩子一样，我们不能因为孩子淘气就一味地惩罚他，这样只会助长他的叛逆。对待这样的孩子最好的方法就是宽容他，用细腻的情感抚慰他。对待坏情绪也是如此。

现代生活越来越禁锢着我们的思维，生存的危机感和责任感使得我们每一个人都不得不按照相同的模式去生活，久而久之，一成不变的生活开始让我们觉得乏味、无奈，于是，情绪的危机也逐渐开始蔓延。其实，我们完全可以找出一个突破口，释放自己，放纵自己一回。

　　情绪的力量是可以蓄积的，是急于打开，还是慢慢引导，全取决于我们自己。陷入情绪束缚的我们，通常都会觉得心情降到冰点，莫名其妙地悲伤、莫名其妙地愤怒、莫名其妙地恐惧。在这个时候，如果一味地压抑，只会产生和可乐爆发一样的效果；而如果一点点地释放情绪，适当地放纵自己，会得到意想不到的收获。在职场，情绪化的人往往被贴上"不够成熟"的标签，但克制也不总是美德，如今自然主义风潮至上，有相当比例的人都觉得偶尔放纵一下情绪有利于身心健康。陷入紧张情绪的我们，常常会无力迎接生活的挑战。

　　很多时候，忙碌的现实生活，仿佛让我们变成了一把始终强劲拉开的弓箭，我们要是始终绷紧神经，老是处于紧张状态，就会导致身心疲惫，在需要冲刺的关键时刻，往往有心无力，难免败下阵来。如果适当地放纵一下，就可以缓解紧张的情绪，找到一个新的突破口。不过，怎样放纵倒成了一个难办的问题。

　　放纵本来是"无拘无束"的意思，但是经过报纸、杂志的宣传，它给人的印象渐渐变成一个贬义词，与"纵情、滥情、不负责任"等词紧密地联系起来，而在日常生活中，也出现了不少因为放纵而追悔莫及的事情。但是，在这里，请你丢掉脑中关于放纵的一切成见，其实，健康的放纵方式有很多。

　　小雅是一家外企的部门经理，每天都要处理大堆的文件和琐事，再加上烦扰的人际关系，让小雅对工作充满了厌倦情绪，在公司不能发脾气，她只能强忍着，回到家之后，她就失控了，动不动就大发脾气。

　　一天下班后，小雅感到很烦躁，也不想回家，就在街上溜达，鬼使神差拐进了一家酒吧。这个酒吧看上去不是那么闹腾，走进走出的都是跟她年纪差不多的年轻人。

　　"就进去看看吧。"小雅这么想着就走了进去。

　　小雅一直生活在一个很传统的家庭，这还是她第一次来这种场所。一直以来，小雅觉得酒吧是个很乱的场合。可是，这次她看到的完全不是那么一回事，几个年轻人围在一起喝酒谈事情，台上面的歌手轻轻地唱着她最喜欢的英文经典老歌。

小雅一下子就爱上了这个地方，于是，她每天下班后都来这里坐上 30 分钟。甚至有一次，一时兴起的她走上台去唱了自己最拿手的歌，博得了满堂喝彩。酒吧的老板还邀请她成为那里的驻唱歌手。

一段时间下来，小雅发现自己近来情绪好了很多，每天都开开心心的。对工作的厌烦感也渐渐减弱。

小雅的情绪之所以得到缓解，就是那半个小时的放纵起到的作用。给自己的坏情绪找一个出口，不要一味地去打压它，它自然就会安静下来。

渴望生存的愉悦，追求快乐，是人的天性和权力。但是，在现实生活中，由于人们的经济状况、观念意识的不同，以及面临着生存的问题，使不少人遇到种种忧虑和烦恼。英国大思想家伯特兰·罗素认为，人类种类各异的不快乐，一部分根源于外部社会环境，一部分根源于内在个人。由于内在个人因素造成的不快乐，在相当程度上源于错误的世界观、伦理观和生活习惯，正是这些东西使无数人失去了生活中许多应有的快乐。

诺贝尔文学奖得主赫曼赫塞说："痛苦让你觉得苦恼，只是因为你惧怕它、责怪它；痛苦会紧追你不舍，是因为你想逃离它。所以，你不可逃避，不可责怪，不可惧怕。你自己知道，在心的深处完全知道——世界上只有一个魔术、一种力量和一个幸福，它就叫爱。因此，去爱痛苦吧。不要违逆痛苦，不要逃避痛苦，去品尝痛苦深处的甜美吧。"

在许多情境下，应该泰然接受自己的情绪，把它视为正常。如我们不必为想家感到羞耻，不必因害怕感到不安，对触怒你的人生气也没什么不对。这些感觉与情绪都是自然的，应该允许他们适时适地存在，并缓解出来。这远比压抑、否认有益得多，接纳自己内心感受的存在，才能谈及有效管理情绪。

当坏情绪来临时，尽量提醒自己，别让坏情绪影响自己，因为它于事无补，新鲜的环境对人总是有吸引力的。因此，在情绪不佳的情况下，可以尝试通过布置环境来达到创设良好心境的目的。有的人改变居室的布置，有的人放音乐，有的人养花种草，这些都是改变环境的有效措施，能够对于情绪的调节有一定的帮助。可以找事情让自己忙碌起来，忙碌的生活可以让你忘记烦恼，还可以找自己喜欢干的事情，读读书，打打牌，来转移自己的想法，来平息心中的怒火。

什么事情都有一个度，放纵也是这样。你可以随心所欲地玩乐，发泄你的情绪，但是一定要知道如何停下来。因为，只有知道该如何停止的人，才知道该如何高速前进。

怎么样，找到属于你自己的方式了吗？对坏情绪宽容一点，让它也可以出来放松放松，它自然就不会再给你惹麻烦。

不要一味压抑你的情绪

情绪就像一个执拗的孩子，你越是想控制他，他越是有逆反心理。所以，情绪不能一味地压抑，想要控制它，必须找到可行的策略。

当我们的情绪遭受不良影响，而感到很不适时，不必采用一味忍耐的方式来掩饰自己的真实感受，而应采取积极的方式，让这种不良情绪得到释放。

有位年轻的商人和妻子到外地出差，夫妻俩下榻在一家海滨酒店里。丈夫公务繁忙，一到目的地就开始忙于工作，忽略了对妻子的照顾。妻子呢？习惯了家里的一切优越环境，对陌生的事物有一些恐惧和厌恶。

白天妻子一个人来到海边，看到人群的欢笑嬉戏，感到自已孤身一人，开始郁郁寡欢。想去热闹的地方购物，可又不敢出门。毕竟不比在家，觉得自己在一个陌生的城市人生地不熟，又没有亲戚朋友。无论她走到哪里都是一个人，吃饭时看见别人都是出双入对，她心里有说不出的别扭，她开始给家里人打电话。由于距离遥远找不到寄托，只能在酒店里看电视，可电视里讲的全是当地的方言，她一句都听不懂，只看见人在电视里晃来晃去。

当丈夫兴高采烈地回来时，这时的她已经很不高兴了。丈夫很累了，但仍热心地问她："今天玩得开心吗？"本已经很烦恼的妻子一言不发，半天才委屈地说了句："我们什么时候回去？"丈夫当然很奇怪了。当妻子洗完头发出来就将酒店提供的梳子丢在丈夫面前，烦恼地说："这是什么梳子？齿太密了，会梳坏我的头发的！"

丈夫已经感觉到妻子绝不会为了一把梳子而不高兴。他一把拉过妻子，轻轻将手伸到她的头发里问她："那你要我怎么办？是把这梳子上的齿给掰掉一半，还是用我这把只有五个齿的梳子呢？"妻子笑了，她开始向丈夫解释她一天的遭遇。

故事中的妻子刚开始只会忍耐，不会表达自己的不满情绪，然后莫名其妙地生闷气。这样只会伤害自己的身体，而不能解决任何问题。幸好她的丈夫觉察到了她情绪的变化。在丈夫的幽默和温柔下，妻子终于说出了心中的委屈，为此心中的不良情绪就随之释放出来了。

情绪应该适当控制，但不要过分压抑，当承受不住时，应选择合适的对象诉说自己的想法，或者选择适当的方式排遣，也可找一些感兴趣的事情做，分散一下注意力。

心理专家认为，如果一个人常常过分压抑自己的情感，那么就有可能出现焦虑症。这是为什么呢？下面就来看看心理专家是如何解释的。

心理学家认为，有焦虑倾向的人天生就带有更情绪化和反复无常的脾性。然而，在他们成长的家庭中，获得父母的赞赏比表达自己的需要和感受更为优先。因此，当他们长大后，他们仍然觉得实现完美和取悦他人比表达他们自己的感受更重要。这种否定内心感受的倾向会导致其长期处于紧张和焦虑的状态。

其实，你是否已经注意到，当你发泄出自己的怒火或是痛痛快快地哭一场之后，你会感到平静，感到更加轻松。表达感情会产生明显的生理效果，使焦虑水平下降。因此，过分压抑情感是不可取的，要想预防和治疗焦虑症，就要正确认识和表达自己的情感。

幸运的是，学会更容易和更频繁地认识和表达自己的情感是很有可能的。虽然过多的自由表达自己的情感，尤其是愤怒，并不是常常有效的，但是重要的是至少要知道你的感受是什么，并且允许你的感受以一些形式表达出来。这样做会大大地降低焦虑的程度，减少恐慌的倾向。

由此可见，保持心情愉快、个性开朗的生活方式对人很重要。我们要尽量妥善安排和调剂生活，减轻压力，尽量脱离愁眉苦脸、愤怒、悲伤过度等不良情绪的负面影响，以轻松开朗的心情愉快地生活。